台科大圖書 SINCE 1997

人人必學
網路行銷實務
NETWORK MARKETING & PRACTICE

勁樺科技　編著

序

　　網路行銷的模式不但具備即時性、互動性、客製化，網路科技與行銷活動的整合，可加速企業實現許多行銷相關能力的競爭優勢。面對全球化與網路化的競爭趨勢，本書將會介紹網路行銷基礎知識與行銷工具，精彩篇幅包括：

- 認識電子商務
- 網路行銷導論
- 行動行銷
- 常用網路行銷工具
- 網路行銷發展與未來趨勢
- 社群行銷

　　為了讓讀者能以容易理解的方式吸收網路行銷的相關知識，本書會在各章中安排各種必備網路行銷的入門知識，全書精彩的章節包括：網路行銷的4P組合、行動行銷、行動行銷的創新應用、定址服務（LBS）、QR Code、行動支付、App行動行銷、LINE@生活圈行銷、內容行銷、原生廣告、widget廣告、飢餓行銷、病毒式行銷、話題行銷、聯盟行銷、網紅行銷、關鍵字行銷、微電影行銷、零售4.0、大數據行銷、社群行銷、臉書行銷、網路行銷分析利器GA、虛擬實境（VRML）與電商的應用、寶可夢行銷……等。

　　期許各位可以最輕鬆的方式了解這些重要的新議題，筆者相信這會是一本學習網路行銷最佳的入門學習書。最後非常感謝台科大圖書出版此書，讓更多的讀者受惠。

目錄

Chapter 01 認識電子商務

- 1-1 電子商務時代來臨　　3
- 1-2 電子商務經營模式　　4
- 1-3 電子商務交易流程　　8
- 1-4 電子商務安全機制　　11
- 1-5 Web 發展與創新科技運用　　13

Chapter 02 網路行銷導論

- 2-1 認識網路行銷　　26
- 2-2 網路行銷的特性　　29
- 2-3 漫談行銷 4P 組合　　36
- 2-4 網路行銷 4P 組合　　39
- 2-5 網路行銷規劃 STP　　41
- 2-6 SWOT 分析　　43
- 2-7 顧客關係管理與關係行銷　　47

Chapter 03 行動行銷

- 3-1 行動通訊技術　　59
- 3-2 行動行銷簡介　　62
- 3-3 行動行銷創新應用　　65
- 3-4 行動支付　　69
- 3-5 LINE 行動行銷　　71

Chapter 04 常用網路行銷工具

- 4-1 內容行銷　　93
- 4-2 飢餓行銷　　95
- 4-3 網路廣告　　96
- 4-4 病毒式行銷　　99
- 4-5 聯盟行銷　　100
- 4-6 網紅行銷　　101
- 4-7 關鍵字行銷　　102
- 4-8 搜尋引擎最佳化　　104
- 4-9 微電影行銷　　107

Chapter 05 網路行銷發展與未來趨勢

- 5-1 零售 4.0 時代的 O2O 模式　　119
- 5-2 寶可夢的 AR 抓寶行銷　　122
- 5-3 虛擬實境與電商的應用　　124
- 5-4 大數據行銷　　125
- 5-5 社群行銷　　129
- 5-6 我的臉書行銷　　133
- 5-7 網路行銷的分析神器 Google Analytics　　149

Chapter 06 年輕人最夯的 Instagram 行銷

- 6-1 與 Instagram 第一次接觸　　164
- 6-2 相片編修與分享　　175
- 6-3 用 Instagram 拍照做效果　　181
- 6-4 其他功能介紹　　187
- 6-5 Instagram 行銷要訣　　191
- 6-6 商業檔案的行銷密技　　200

附錄 習題簡答　　211

01 認識電子商務

　　自從網際網路應用於商業活動以來，不但改變了企業經營模式，也改變了大眾的消費模式，以無國界、零時差的優勢，提供全年無休的電子商務（Electronic Commerce, EC）服務。全球電子商務市場正蓄勢待發飛越式的增長，根據市場調查機構 eMarketer 的最新報告指出，2020年的全球零售電子商務銷售額將可成長至4.058兆美元。本章中將會跟各位討論目前電商時代的意義與最新網路創新科技的相關概念與技術：

- 電子商務的定義
- 電子商務經營模式
- 電子商務交易流程
- 電子商務安全機制
- Web 發展與應用
- 雲端服務與物聯網

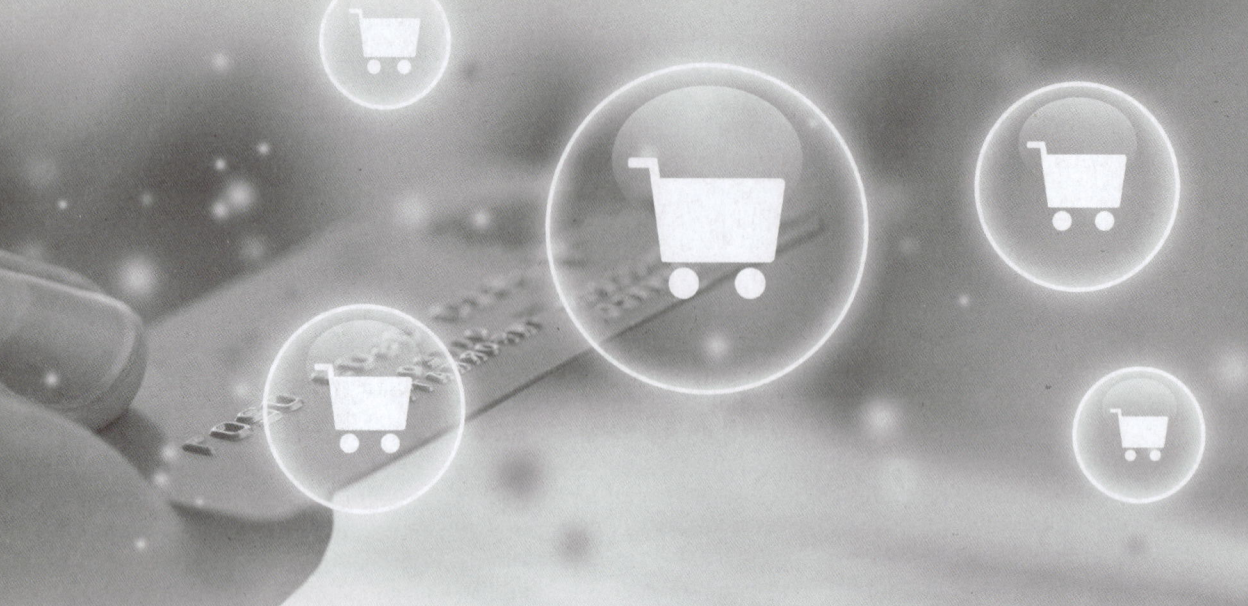

近年來由於網路科技進步與線上交易平臺流程的改善，讓網路購物愈來愈便利與順暢，不但改變了全球市場的消費習慣，更帶動了電子商務的快速興起。電子商務帶來的創新改變對現代企業而言存在著無限的可能，勢必成為將來商業發展的主流。

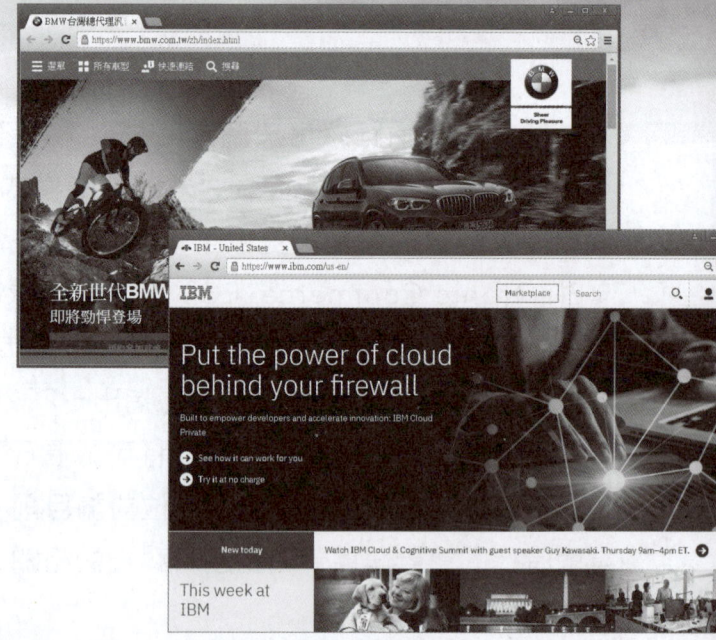

電子商務的優勢，也已經得到高度的認同，阿里巴巴董事局主席馬雲更大膽直言 2020 年時電子商務將取代傳統實體零售商家主導地位。由於網路行銷和電子商務是相輔相成的一體兩面，企業選擇網路行銷，不僅僅是為了銷售產品，更多是為了品牌的推廣和企業形象的展示。網路行銷趨勢化現象已進入一個高速發展的階段。在各位要進入網路行銷的專業範疇時，首先就必須對電子商務發展有相關認識。

> **Tips**　「梅特卡夫定律」（Metcalfe's Law）
>
> 梅特卡夫定律是 1995 年 10 月 2 日是 3Com 公司的創始人，電腦網路先驅羅伯特·梅特卡夫（B. Metcalfe）於專欄上提出網路的價值是和使用者的平方成正比，稱為「梅特卡夫定律」（Metcalfe's Law），是一種網路技術發展規律，也就是使用者愈多，其價值便大幅增加，產生大者恆大之現象，對原來的使用者而言，反而產生的效用會愈大。

2　人人必學網路行銷實務

1-1 電子商務時代來臨

全球電子商務（Electronic Commerce, EC）市場正蓄勢待發飛越式的增長，由於今日實體與虛擬通路趨於更完善的整合，都使電子商務購物環境日趨成熟，不但改變了企業經營與行銷模式，也改變了大眾的消費模式，無所不在的電子商務已經成為每個人生活中的一部分，以無國界、零時差的優勢，提供全年無休的服務。

↑ 透過電商模式，小市民就可在天貓網路市集上開店

◎ 電子商務的定義

電子商務（Electronic Commerce, EC）就是一種在網際網路上所進行的交易行為，等於「電子」加上「商務」，主要是將供應商、經銷商與零售商結合在一起，透過網際網路提供訂單、貨物及帳務的流動與管

↑ 104人力銀行是一種成功的電子商務模式

理。從廣義的角度來看，電子商務不僅只是以網站為主體的線上虛擬商店，而是只要透過電腦與網際網路來進行電子化交易與行銷的活動，都可以視為一種電子商務型態。從狹義的角度來看，電子商務是指在網際網路上所進行的交易行為，交易標的物可能是實體的商品，例如線上購物、書籍銷售，或是非實體的商品，例如：廣告、資訊販賣、遠距教學、網路銀行、人力銀行等。

 跨境電商（Cross-Border Ecommerce）

跨境電商是全新的一種國際電子商務貿易型態，也就是消費者和賣家在不同的關境（實施同一海關法規和關稅制度境域）交易主體，透過電子商務平臺完成交易、支付結算與國際物流送貨、完成交易的一種國際商業活動，就像打破國境通路的圍籬，藉由網路外銷全世界，讓消費者藉由滑手機上網，就能直接購買全世界任何角落的商品。

1-2 電子商務經營模式

電子商務經過近年來快速的發展，大大提高了商務活動的水平和服務品質，經營模式會隨著時間的演進與實務觀點有所不同，如果依照交易對象的差異性，可以區分以下四種類型。

1. 企業對企業間（Business to Business，簡稱 B2B）的電子商務
2. 企業對消費者間（Business to Customer，簡稱 B2C）的電子商務
3. 消費者對消費者間（Customer to Customer，簡稱 C2C）的電子商務
4. 消費者對企業間（Customer to Business，簡稱 C2B）的電子商務

1-2-1 B2C 模式

企業對消費者間（Business to Customer，簡稱 B2C）的電子商務是指企業直接和消費者間的交易行為，一般以網路零售業為主，將傳統由實體店面所銷售的實體商品，改以透過網際網路直接面對消費者進行實體商品或虛擬商品的交易活動，大大提高了交易效率，節省了各類實體商店所需要的開支。例如線上零售商店、網路書店、線上軟體下載、線上內容提供者、入口網站等，例如亞馬遜書店在網路上成功販售書籍給消費者。

amazon 是世界最知名的 B2C 線上購物網站

> **Tips** 入口網站（Portal）
>
> 入口網站其實是最早以網路廣告模式與電子商務沾上邊，入口網站是進入 WWW 的首站或中心點，它讓所有類型的資訊能被所有使用者存取，提供各種豐富個別化的服務與導覽連結功能，例如 Yahoo、Google、蕃薯藤、新浪網等。

1-2-2 B2B 模式

企業對企業間（Business to Business，簡稱 B2B）的電子商務指的是企業與企業間或企業內透過網際網路所進行的一切商業活動。例如上下游企業的資訊整合、產品交易、貨物配送、線上交易、庫存管理等。B2B 電子商務可讓企業具有更強競爭力與「節省成本」及「增進生產力」的優勢。B2B 電子商務在虛擬的網路國度中所發揮的效益，大大震撼了傳統企業的交易模式，隨著電商化採購逐漸成為趨勢，B2B 電商的業態變化直接影響到企業採購模式的轉變，直接透過網路媒體，大量向供應商或零售商訂購，以低於市場價格獲得品或服務的採購行為。

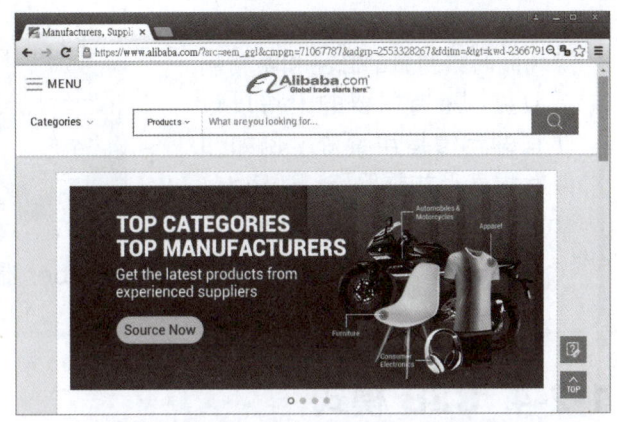

阿里巴巴網站是大中華圈相當知名的 B2B 網站

1-2-3 C2C 模式

客戶對客戶型的電子商務（Customer to Customer，簡稱 C2C），就是個人使用者透過網路供應商所提供的電子商務平臺與其他消費者者進行直接交易的商業行為，消費者可以利用此網站平臺販賣或購買其他消費者的商品。網路使用者不僅是消費者也可能是提供者，供應者透過網路虛擬電子商店設置展示區，提供商品圖片、規格、價位及交款方式等資訊。

最常見的 C2C 型網站就是拍賣網站，這樣的好處是原本在 B2C 模式中最耗費網站經營者成本的庫存與物流問題，在 C2C 模式中卻由小型買家和賣家自行吸收。網友可將自己打算賣出的物品張貼在網站上，讓有意願的網友互相出價競標，最後價高者得。例如 eBay 是美國 C2C 電子商務模式的典型代表。

eBay 是全球最大的拍賣網站

> **Tips** 「共享經濟」（Sharing Economy）
>
> 隨著C2C通路模式不斷發展和完善，以C2C精神發展的「共享經濟」（Sharing Economy）模式正在日漸成長，共享經濟的成功取決於建立互信，以合理的價格與他人共享資源，同時讓閒置的商品和服務創造收益，讓有需要的人得以較便宜的代價借用資源。例如類似計程車「共乘服務」（Ride-sharing Service）的Uber。

Uber提供比計程車更為優惠的價格與付款方式

1-2-4 C2B模式

消費者對企業型電子商務（Customer to Busines，簡稱C2B）是一種將消費者帶往供應者端，並產生消費行為的電子商務新類型，也就是主導權由廠商手上轉移到了消費者手中。在C2B的關係中，則先由消費者提出需求，透過「社群」力量與企業進行集體議價及配合提供貨品的電子商務模式，也就是集結一群人用大量訂購的方式，來跟供應商要求更低的單價。最經典的C2B模式就是「團購」網站，透過消費者群聚的力量，進而主導廠商以提供優惠價格。

買東西網站是國內知名的C2B網站

近年來團購被市場視為「便宜」代名詞，琳瑯滿目的團購促銷廣告時常充斥在搜尋網站的頁面上，不過團購今日也成為眾多精打細算消費者紛紛追求的一種現代與時尚的購物方式，「GOMAJI 夠麻吉」公司的創業團隊期望讓消費者實實在在享受到好康又省錢的實惠，主要的商業模式是一種將消費者帶往供應者端，並產生消費行為的電子商務新類型，讓商家可以藉由團購網的促銷吸引大量人氣，呈現給消費者最美好的店家體驗，也能使最在乎 CP 值的消費者搶到俗擱大碗的商品。

GOMAJI 為國內知名的團購平臺

> **Tips** 民眾對政府模式（Customer to Government, C2G）
>
> 民眾對政府模式（Customer to Government, C2G）也就是政府對一般民眾的交易，如繳交稅金、停車場帳單、網上報關、報稅或註冊車輛等，也可透過網路進行，其中各項業務採用相同的資料庫，以及經由電腦間的連線，讓民眾能夠在單一窗口中辦裡各項的業務，達成電子化政府參與式的建構。

1-3 電子商務交易流程

整個電子商務的交易流程是由消費者、網站業者、金融單位與物流業者等四個組成單元，交易步驟包括了網路商店的建立、行銷廣告、瀏覽訂購、徵信過程、收付款過程、配送貨品。對現代企業而言，今天的電子商務不僅僅是一個嶄新的配銷通路模式，或提高企業經營效率的方法，而是提供企業一種全然不同的經營與交易模式。電子商務對象是整個交易過程，任何一筆交易都由資訊流、商流、金流和物流等四個基本部分組成。

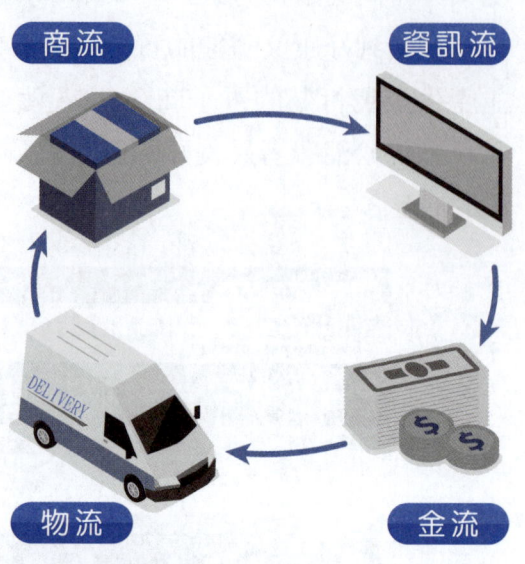

電子商務的四種主要流（商流、物流、金流、資訊流）

1-3-1 金流

自古以來人類只要有交易行為產生，就一定會有金流服務上的需求，如果這個問題無法解決，網路上的交易都不能算是真正的電子商務。雖然網際網路的商機無限，但是如何收取款項與方便使用者付費，都是網路金流所討論的範圍，包含應收、應付、稅務、會計、信用查詢、付款指示明細、進帳通知明細等，並且透過金融體系安全的認證機制完成付款。金流自動化的解決方案很多，沒有統一的模式，概分為線上付款（on Line）與非線上付款（off Line）兩類。目前常見的方式有以下幾種：

❖ **貨到付款**：例如郵局代收貨款、便利商店取貨付款。

❖ **線上刷卡**：信用卡付款早已成為B2C電子商務中消費者最愛使用的支付方式之一，大約90%的線上支付均使用信用卡的方式完成。

> **Tips 虛擬信用卡**
>
> 虛擬信用卡是一種由發卡銀行提供消費者一組十六碼卡號與有效期做為網路消費的支付工具，僅能在網路商城中購物，無法拿到實體店家消費，與實體信用卡最大的差別就在於發卡銀行會承擔虛被冒用的風險，信用額度較低，只有2萬元上限。

❖ **匯款、ATM 轉帳**：特約商店將匯款或轉帳資訊提供給使用者，等使用者匯款後才算完成交易。

❖ **小額付款**：許多電信業者與 ISP 都有提供小額付款服務，使用者進行消費之後，費用會列入下期帳單內收取，例如 Hinet 小額付款、遠傳電信小額付款等。

❖ **PayPal 付款**：是全球最大的線上金流系統與跨國線上交易平臺，適用於全球 203 個國家，屬於 ebay 旗下的子公司，可以讓全世界的買家與賣家自由選擇購物款項的支付方式。各位如果常在國外購物，應該常常會看到 PayPal 付款，只要提供 PayPal 帳號即可，不但拉近買賣雙方的距離，也能省去不必要的交易步驟與麻煩，如果你有足夠的 PayPal 餘額，購物時所花費的款項將直接從餘額中扣除，或者 PayPal 餘額不足的時候，還可以直接從信用卡扣付購物款項。

↑ PayPal 是全球最大的線上金流系統

❖ **電子錢包**：電子錢包（Electronic Wallet）是一種符合安全電子交易的電腦軟體，就是你在網路上購買東西時，可直接用電子錢包付錢，而不會看到個人資料，將可有效解決網路購物的安全問題。現在有了電子錢包之後，在特約商店的電腦上，只能看到消費者選購物品的資訊，就不用再擔心信用資料可能外洩的問題了。

↑ Google 的電子錢包相當方便實用

❖ **智慧卡**：是一種外形與信用卡一樣，內有微處理器及記憶體，可將現金儲值在智慧卡中，可由使用者隨身攜帶以取代傳統的貨幣方式，能夠在電子商務交易環境中增進整個電子商務交易環境的安全性。例如目前知名的 7-ELEVEN 發行的 icash 卡及許多臺北捷運所使用的悠遊卡。

1-3-2 物流

物流就是一種產品實體的流通活動與行為，在流通過程中，透過有效管理程序，並結合包括倉儲、裝卸、包裝、運輸等相關活動。對於電子商務來說，物流的主要工作就是當消費者在網際網路下單後的產品，如何順利送到消費者手中的所有流程，電子商務必須有現代化物流技術作基礎，才能在最大限度上使交易雙

▲ IKEA 的物流管理給顧客帶來更多的便利性

方得到便利。目前常見的物流運送方式有郵寄、貨到付款、超商取貨、宅配等，目前也有專業的物流公司，專門幫商家處理商品運送的事宜。例如世界知名大廠 IKEA 在物流政策上也是以客戶的便利性為主，例如將商品從設計開始就徹底模組化，並採用好運送的平整包裝模式，達到多層疊放的優點，讓消費者可以很方便地搬運及組裝商品，提高了運輸便利和降低運輸成本。

1-3-3 資訊流

▲ 蝦皮購物網站的資訊流相當成功

資訊流指的是網站的架構，一個線上購物網站最重要的就是整個網站規劃流程，能夠讓使用者快速找到自己需要的商品，網站上的商品不像真實賣場可以親自感受商品或試用，因此商品的圖片、詳細說明與各式各樣的促銷活動就相當重要，規劃良好的資訊流是電子商務成功很重要的因素。資訊流流通的優劣決定於網站架構的設計，好的網站架構就如同一個優質賣場，消費者可以快速找到自己要的產品與得到最新產品訊息，廠商也可以透過留言版功能得到最即時的消費者訊息。

1-4 電子商務安全機制

目前電子商務的發展受到最大的考驗，就是線上交易安全性。曾經在網路上購物的消費者，大概都經歷過一段猶豫期，也就是到底網路交易能不能確保私人資料不被侵犯？例如在網路上進行電子交易行為時，經常必須傳遞私密性的個人金融資料（如信用卡號、銀行帳號等），如果這些資料不慎被第三者截取，那麼將造成使用者的困擾與損害。

因此如何儘速建立一套安全的電子商務機制，以消弭消費者對網路安全性的疑慮刻不容緩！為了讓消費者線上交易能得到一定程度的保障，以下將為您介紹目前較具有公信力的網路安全評鑑與安全機制。

1-4-1 安全插槽層協定（SSL）

由於 WWW 發展初期，網景通訊公司（Netscape Communications Corporation）的瀏覽器產品占據了大部分的市場，「網路安全傳輸協定」（Secure Socket Layer, SSL）於 1995 年間由網景公司所提出利用 RSA 公開金鑰的加密技術，這是網頁伺服器和瀏覽器之間一種 128 位元傳輸加密的安全機制，目前大部分的網頁伺服器或瀏覽器，都能夠支援 SSL 安全機制，目前最新的版本為 SSL3.0。

當瀏覽者連結到具有 SSL 安全機制的網頁時，在瀏覽器下方的狀態列上會出現一個鎖頭的圖示，表示目前瀏覽器網頁與伺服器間的通訊資料，均採用 SSL 安全機制的保護，您的網頁伺服器就能在伺服器與您客戶的瀏覽器之間建立一個加密連結，使用者可以安心的在此頁面中輸入個人的資料。使用 SSL 最大的好處，就是消費者不需事先申請數位簽章或

↑ 此圖示表示目前的網頁採用 SSL 安全機制

任何的憑證，就能夠直接解決資料傳輸的安全問題。不過當商家將資料內容還原準備向銀行請款時，這時候商家就會知道消費者的個人資料，還是有可能讓資料外洩，或者被不肖的員工盜用消費者的信用卡在網路上買東西等問題。

1-4-2 SET 協定

由於 SSL 並不是一個最安全的電子交易機制，為了達到更安全的標準，於是由信用卡國際大廠 VISA 及 MasterCard，在 1996 年共同制定並發表的「安全電子交易協定」（Secure Electronic Transaction, SET），安全機制採用非對稱鍵值加密系統的編碼方式，並採用知名的 RSA 及 DES 演算法技術，讓傳輸於網路上的資料更具有安全性。SET 安全機制所涵蓋的範圍是全面性的，它包含了消費者、網路商家、發卡銀行及「憑證管理中心」（Certificate Authority, CA）等四部分。

消費者與網路商家並無法直接在網際網路上進行單獨的交易，雙方都必須先向 CA 申請取得各自的身分憑證，以確認自己的身分。消費者在向 CA 申請認證時，CA 會核發一個「數位簽章」（Digital Signature），消費者只要將此憑證安裝在瀏覽器上，日後只要是使用此瀏覽器進行的網路交易，都視同是該消費者的交易行為。即使消費者在消費後不認帳，也會因為各單位都留存有完整的交易紀錄，而不得不承認！

網路商家除了向 CA 申請數位憑證外，還必須與發卡銀行建立金融資訊管道，以即時處理消費者的交易行為與定期的請款動作。使用 SET 交易機制固然安全無虞，不過還是有些麻煩的地方，例如消費者必須事先申請數位簽章或安裝「電子錢包」軟體後，要向發卡行申請認證才能進行消費；而且消費的網站也必須具有同樣的 SET 安全機制，以及取得與消費者相同 CA 所發的憑證，才能達到上述的保護。

 Tips 憑證管理中心（CA）

憑證管理中心為一個具公信力的第三者身分，主要負責憑證申請註冊、憑證簽發、廢止等等管理服務。國內知名的憑證管理中心如下：
- 政府憑證管理中心：http://www.pki.gov.tw
- 網際威信：http://www.hitrust.com.tw/

1-5 Web 發展與創新科技運用

網際網路應用服務因為資訊科技的成熟而不斷推陳出新，其中由無數網站與客戶端瀏覽器建構而成的全球資訊網，更是呈現前所未有的爆炸性成長。全球資訊網（World Wide Web，簡稱 Web 或 WWW）是一種建構在 Internet 的多媒體整合資訊系統，它利用超媒體資料擷取技術，透過一種超文件（Hypertext）上的表達方式，將整合在 WWW 上的網頁連接在一起，也就是說只要透過 WWW，就可以連結全世界所有的資訊！

WWW 主要是以主從架構的模式運作，當各位執行了客戶端網頁瀏覽器時，客戶端會聯繫網頁伺服器並要求所需的資料或資源。最後網頁伺服器會找出所需的資料並回傳給網路瀏覽器，也就是我們所看到的搜尋結果。

 超連結

所謂「超連結」就是 WWW 上的連結技巧，透過已定義好的關鍵字與圖形，只要點取某個圖示或某段文字，就可直接連結上相對應的文件。而「超文件」是指具有超連結功能的文件。

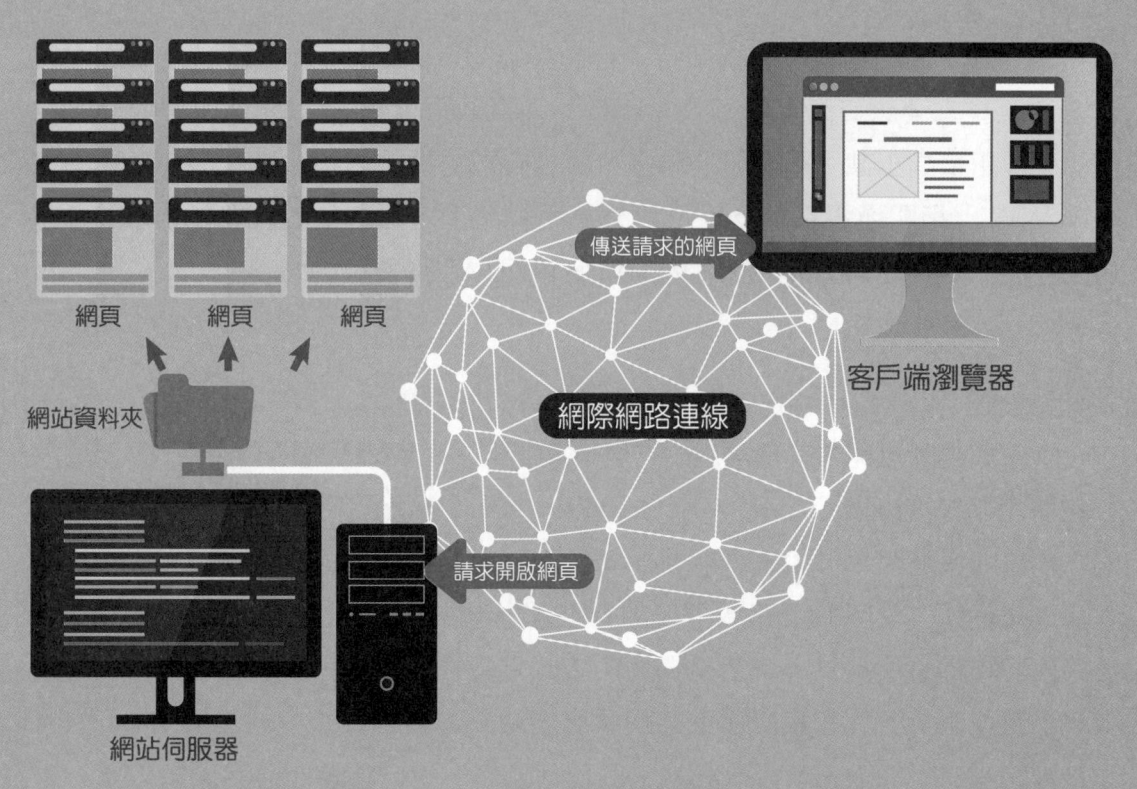

↑ WWW 運作模式圖

一般大眾可以使用家中的電腦（客戶端），透過瀏覽器來開啟某個購物網站的網頁，這時家中的電腦會向購物網站的伺服端提出顯示網頁內容的請求。一旦網站伺服器收到請求時，隨即會將網頁內容傳送給家中的電腦，並且經過瀏覽器的解譯後，再顯示成各位所看到的內容。

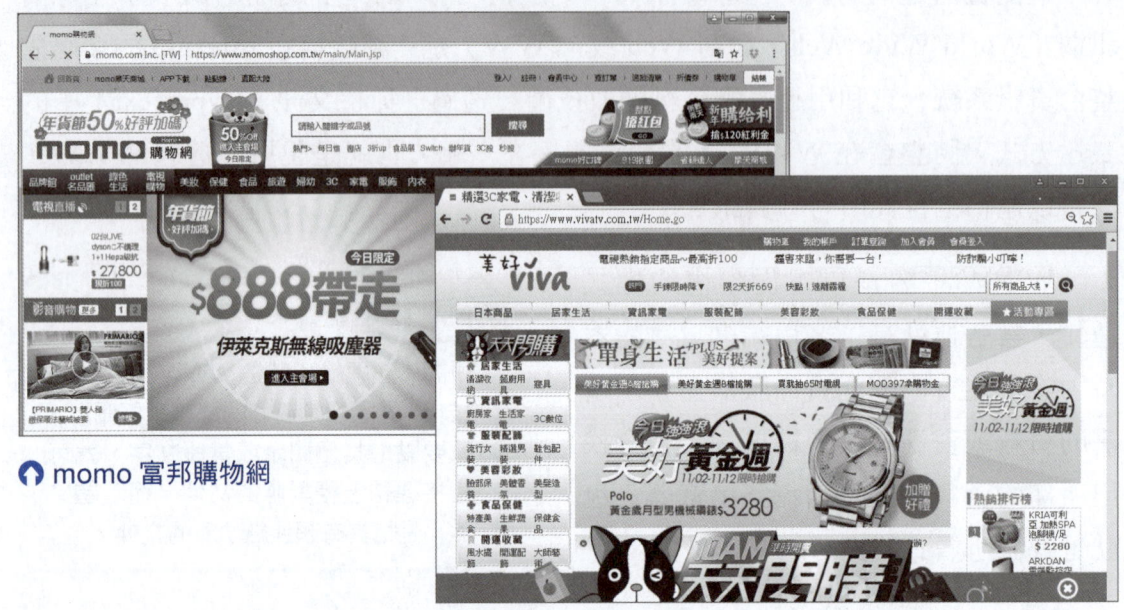

↑ momo 富邦購物網

↑ ViVa 線上購物網

當您打算連結到某一個網站時，首先必須知道此網站的「網址」，網址的正式名稱應為「全球資源定位器」（URL）。簡單的說，URL 就是 WWW 伺服主機的位址用來指出某一項資訊的所在位置及存取方式。嚴格一點來說，URL 就是在 WWW 上指明通訊協定及以位址來享用網路上各式各樣的服務功能。使用者只要在瀏覽器網址列上輸入正確的 URL，就可以取得需要的資料。

1-5-1 Web 發展史

Web 又是什麼呢？就是常用的「全球資訊網」（World Wide Web, WWW），一般將 WWW 唸成「Triple W」、「W3」或「3W」，我們通稱為 Web。隨著網際網路的快速興起，從最早期的 Web 1.0 到目前即將邁入 Web 3.0 的時代。在 Web 1.0 時代，受限於網路頻寬及電腦配備，對於 Web 上網站內容，主要是由網路內容提供者所提供，特色是單向的方式進行訊息的流通，使用者只能單純下載、瀏覽與查詢，例如我們連上某個政府網站去看公告與查資料，使用者只能乖乖被動接受，不能輸入或修改網站上的任何資料，單向傳遞訊息給閱聽大眾。

Web 2.0 時期，寬頻及上網人口的普及，其主要精神在於鼓勵使用者的參與，讓使用者可以參與網站這個平臺上內容的產生，如部落格、網頁相簿的編寫等，例如論壇、部落格、社群網站等平臺，這個時期帶給傳統媒體的最大衝擊是打破長久以來由媒體主導資訊傳播的藩籬，使用者能共同參與、自由地上傳資訊。

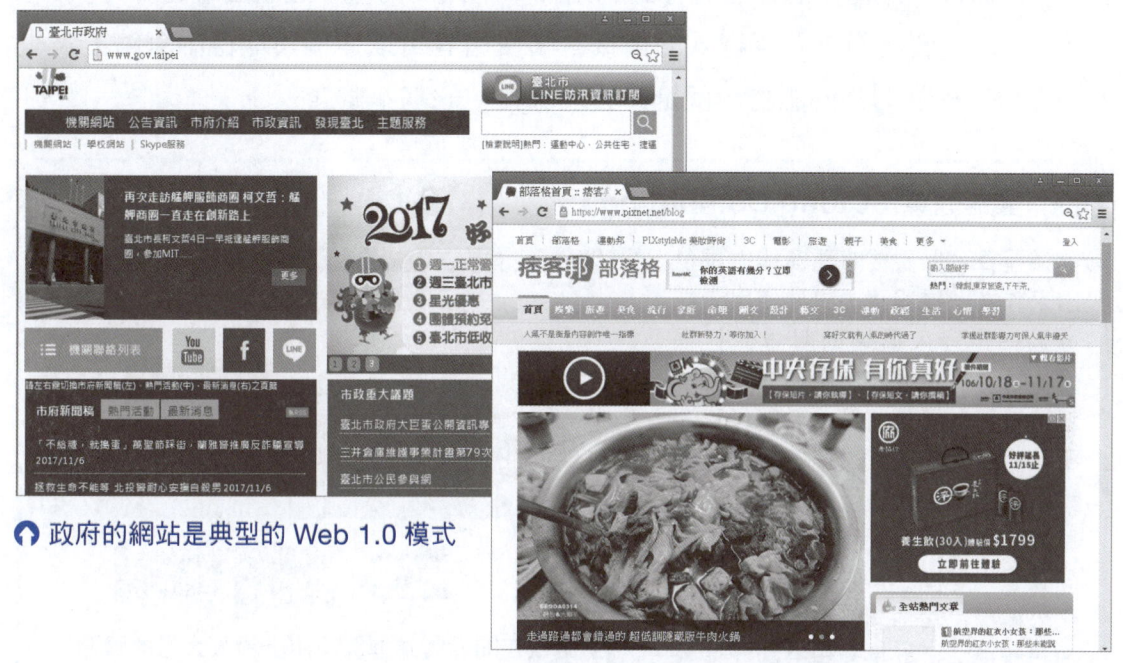

↑ 政府的網站是典型的 Web 1.0 模式

↑ 部落格是 Web 2.0 時相當熱門的新媒體創作平臺

在網路及通訊科技迅速進展的情勢下，Web 3.0 跟 Web 2.0 的核心精神一樣，仍然不是技術的創新，而是思想的創新，還能夠輕鬆獲取感興趣的資訊內容，Web 3.0 時代內容是跨平臺同步，加上行動裝置的崛起，隨時隨地都能與網路連結。Web 3.0 時代的網路服務能自動傳遞比單純瀏覽網頁更多的訊息，還能提供具有人工智慧功能的網路系統，所有網路訊息將會是無處不在的（ubiquitous），而且能針對簡單問題給出合理、完全答覆的系統。

1-5-2 雲端服務

「雲端」其實就是泛指「網路」，因為通常工程師對於網路架構圖中的網路習慣用雲朵來代表不同的網路。「雲端服務」，簡單來說，其實就是「網路運算服務」，如果將這種概念進而延伸到利用網際網路的力量，透過雲端運算（Cloud Computing）將各種服務無縫式的銜接，讓使用者可以連接與取得由網路上多臺遠端主機所提供的不同服務，就是「雲端服務」的基本概念。

> **Tips 雲端運算（Cloud Computing）**
>
> 雲端運算可以看成將運算能力提供出來作為一種服務，只要使用者能透過網路登入遠端伺服器進行操作，透過網路就能使用運算資源，就可以稱為雲端運算，希望以雲深不知處的意境，來表達無窮無際的網路資源，更代表了規模龐大的運算能力，與過去網路服務最大的不同就是「規模」。雲端運算將虛擬化公用程式演進到軟體即時服務的夢想實現，也就是利用分散式運算的觀念，將終端設備的運算分散到網際網路上眾多的伺服器來幫忙，讓網路變成一個超大型電腦，未來每個人面前的電腦，都將會簡化成一臺最陽春的終端機，只要具備上網連線功能即可。
>
>
> 微軟在開發雲端運算應用上投入大量的資源

隨著個人行動裝置正以驚人的成長率席捲全球，成為人們使用科技的主要工具，不受時空限制，就能即時能把聲音、影像等多媒體資料直接傳送到行動裝置上，也讓雲端服務的真正應用達到了最高峰階段。各位也許不需要去了解雲端服務背後的複雜原理，但一定要用它的工具改善我們日常生活的工作型態。

雲端服務包括許多人經常使用的 Flickr、Google 等網路相簿來放照片，或者使用雲端音樂讓筆電、手機、平板來隨時點播音樂，打造自己的雲端音樂台；甚至於透過免費雲端影像處理服務，就可輕鬆編輯相片或者做些簡單的影像處理。

Pixlr 是一套免費好用的雲端影像編輯軟體

1-5-3 物聯網

近幾年隨著全球各大廠的積極投入，世界各地的物聯網應用已經愈來愈多，不僅觸及各領域，在物聯網時代又重新定義產業領域，也有許多深化的應用。台積電董事長張忠謀於 2014 年時出席臺灣半導體產業協會年會（TSIA），明確指出：「下一個 big thing 為物聯網，將是未來五到十年內，成長最快速的產業，要好好掌握住機會。」

▲ 臺灣最具競爭力的台積電公司把物聯網視為未來發展重心

由於網際網路的力量已經顛覆零售、行銷商業、金融、旅遊與交通等各個行業，物聯網（Internet of Things, IoT）是近年資訊產業中一個非常熱門的議題，被認為是網際網路興起後足以改變世界的第三次資訊新浪潮，它的特性是將各種具裝置感測設備的物品，例如 RFID、環境感測器、全球定位系統（GPS）、雷射掃描器等裝置與網際網路結合起來而形成的一個巨大網路系統，並透過網路技術讓各種實體物件、自動化裝置彼此溝通和交換資訊，也就是透過網路把所有東西都連結在一起。

> **Tips** 「無線射頻辨識技術」（Radio Frequency IDentification, RFID）
>
> 無線射頻辨識技術是一種自動無線識別數據獲取技術，可以利用射頻訊號以無線方式傳送及接收數據資料，例如在所出售的衣物貼上晶片標籤，透過 RFID 的辨識，可以進行衣服的管理，例如全球最大的連鎖通路商 Wal-Mart 要求上游供應商在貨品的包裝上裝置 RFID 標籤，以便隨時追蹤貨品在供應鏈上的即時資訊。
>
>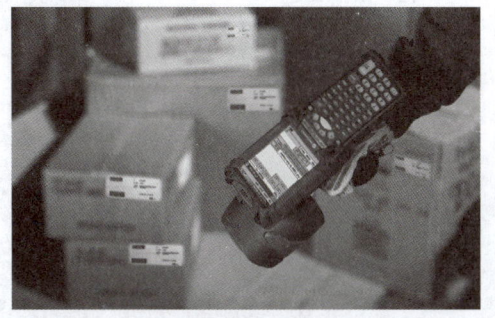

物聯網這項新興的技術不是單單在討論一項科技，而是在談論怎麼改變人類的生活方式。在這個全球化的網路基礎建設，透過資料擷取以及通訊能力，連結實體物件與虛擬數據，物品能夠彼此直接進行交流，無需任何人為操控，進行各類控制、偵測、識別及服務，提供了智慧化遠程控制的識別與管理。數位匯流加物聯網的生活願景，把新一代 IT 技術充分運用在各行各業之中，牽涉到的軟體、硬體之間的整合層面十分廣泛，不少廠商紛紛推出針對物聯網的產品或服務，可以包括如醫療照護、公共安全、環境保護、政府工作、平安家居、空氣汙染監測、土石流監測等領域，物聯網不僅讓我們的生活更方便，也帶來更多的安全。例如物聯網提供了遠距醫療系統發展的基礎技術，醫療裝置可自動追蹤患者的生命跡象以及發現有否遵從疾病治療情況。當有患者生病時，透過智慧型手機或特定終端測量設備，對於各種發病症狀，醫院的系統中會自動進行比對與分析，提出初步解決方案以避免病症加重。

重點整理

1. 電子商務（Electronic Commerce, EC）就是一種在網際網路上所進行的交易行為，等於「電子」加上「商務」，主要是將供應商、經銷商與零售商結合在一起，透過網際網路提供訂單、貨物及帳務的流動與管理。

2. 跨境電商（Cross-Border Ecommerce）是全新的一種國際電子商務貿易型態，也就是消費者和賣家在不同的關境（實施同一海關法規和關稅制度境域）交易主體，透過電子商務平臺完成交易、支付結算與國際物流送貨、完成交易的一種國際商業活動。

3. 入口網站（Portal）其實是最早以網路廣告模式與電子商務沾上邊，入口網站是進入WWW的首站或中心點，它讓所有類型的資訊能被所有使用者存取，提供各種豐富個別化的服務與導覽連結功能。

4. 企業對企業間（Business to Business，簡稱B2B）的電子商務是指企業與企業間或企業內透過網際網路所進行的一切商業活動。例如上下游企業的資訊整合、產品交易、貨物配送、線上交易、庫存管理等。

5. 最常見的C2C型網站就是拍賣網站，這樣的好處是原本在B2C模式中最耗費網站經營者成本的庫存與物流問題，在C2C模式中卻由小型買家和賣家來自行吸收。

6. 電子商務的本質是商務，商務的核心就是商流，「商流」是指交易作業的流通，或是市場上所謂的「交易活動」，就是將實體產品的策略模式移至網路上來執行與管理的動作，代表資產所有權的轉移過程。

7. PayPal是全球最大的線上金流系統與跨國線上交易平臺，適用於全球203個國家，屬於ebay旗下的子公司，可以讓全世界的買家與賣家自由選擇購物款項的支付方式。

8. 電子錢包（Electronic Wallet）是一種符合安全電子交易的電腦軟體，網路上購買東西時，可直接用電子錢包付錢，而不會看到個人資料，將可有效解決網路購物的安全問題。

9. 物流就是一種產品實體的流通活動與行為，在流通過程中，透過有效管理程序，並結合包括倉儲、裝卸、包裝、運輸等相關活動。對於電子商務來說，物流的主要工作就是當消費者在網際網路下單後的產品，如何順利送到消費者手中的所有流程。

10. 「網路安全傳輸協定」（Secure Socket Layer, SSL）於1995年間由網景（Netscape）公司所提出利用RSA公開金鑰的加密技術，是網頁伺服器和瀏覽器之間一種128位元傳輸加密的安全機制，目前大部分的網頁伺服器或瀏覽器，都能夠支援SSL安全機制，目前最新的版本為SSL3.0。

11. 「安全電子交易協定」（Secure Electronic Transaction, SET），安全機制採用非對稱鍵值加密系統的編碼方式，並採用知名的RSA及DES演算法技術，讓傳輸於網路上的資料更具有安全性。

12. 網址的正式名稱應為「全球資源定位器」（URL），簡單的說，URL就是WWW伺服主機的位址用來指出某一項資訊的所在位置及存取方式。

13. URL就是WWW伺服主機的位址用來指出某一項資訊的所在位置及存取方式，也就是指明通訊協定及以位址來享用網路上各式各樣的服務功能。

14. Web 3.0時代的網路服務能自動傳遞比單純瀏覽網頁更多的訊息，還能提供具有人工智慧功能的網路系統，所有網路訊息將會是無處不在的（ubiquitous），而且能針對簡單問題給出合理、完全答覆的系統。

15. 「雲端服務」是「網路運算服務」，透過雲端運算將各種服務無縫式的銜接，讓使用者可以連接與取得由網路上多台遠端主機所提供的不同服務。

16. 雲端運算將虛擬化公用程式演進到軟體即時服務的夢想實現，也就是利用分散式運算的觀念，將終端設備的運算分散到網際網路上眾多的伺服器來幫忙，讓網路變成一個超大型電腦，未來每個人面前的電腦，都將會簡化成一臺最陽春的終端機，只要具備上網連線功能即可。

17. 「無線射頻辨識技術」（Radio Frequency IDentification, RFID）是一種自動無線識別數據獲取技術，可以利用射頻訊號以無線方式傳送及接收數據資料，例如進行衣服的管理，或追蹤貨品在供應鏈上的即時資訊。

18. 物聯網（Internet of Things, IoT）的特性是將各種具裝置感測設備的物品與網際網路結合起來而形成的一個巨大網路系統，並透過網路技術讓各種實體物件、自動化裝置彼此溝通和交換資訊，也就是透過網路把所有東西都連結在一起。

Chapter 01　Q&A 習題

一、選擇題

(　　) 1. 針對網路上的商務交易，下列敘述何者有誤？
(A)SET 是目前網路上用以付款交易的規範
(B)SET 成員須取得認證核發之憑証
(C)SSL 可保障客戶的信用卡資料不被商家盜用
(D)https://www.taian.com.tw/ 其中「s」指的就是 SSL 安全機制。

(　　) 2. 下列哪個技術是 Netscape 公司開發，主要目的是確保網路交易雙方，在交易過程中的安全機制，避免交易訊息在網路上傳遞時遭到竊取、竄改或偽造？　(A) SSL　(B) SET　(C) TCP　(D) IP。

(　　) 3. 目前電子商務網站較常採用下列哪一種安全機制？
(A) DES（Data Encryption）
(B) IPSec（Internet Protocol Security）
(C) SET（Secure Electronic Transaction）
(D) SSL（Secure Socket Layer）。

(　　) 4. 下列何者是兩大國際信用卡發卡機構 Visa 及 MasterCard 聯合制定的網路信用卡安全交易標準？
(A) 私人通訊技術（PCT）協定　　(B)安全超文字傳輸協定（S-HTTP）
(C) 電子佈告欄（BBS）傳輸協定　(D) 安全電子交易（SET）協定。

(　　) 5. 安全電子交易（SET）是一個用來保護信用卡持卡人在網際網路消費的開放式規格，透過密碼加密技術（Encryption）可確保網路交易，下列何者不是 SET 所要提供的？
(A) 輸入資料的私密性　　　　(B) 訊息傳送的完整性
(C) 交易雙方的真實性　　　　(D) 訊息傳送的轉接性。

(　　) 6. 下列何者不是一個完整的安全電子交易（SET）架構所包括的成員之一？
(A) 電子錢包　(B) 商店伺服器　(C) 商品轉運站　(D) 認證中心。

二、問答題

1. 請舉出 4 種電子商務的通路模式。

2. 請問電子商務的定義為何？

3. 什麼是跨境電商（Cross-Border Ecommerce）？

4. 請簡介入口網站（Portal）。

5. PayPal 是什麼？

6. 請簡述 web 3.0 的精神。

7. 請簡介「共享經濟」（The Sharing Economy）。

8. 請說明電子錢包（Electronic Wallet）。

9. 通常金流可概分為哪兩種模式？

10. 請簡介「網路安全傳輸協定」（Secure Socket Layer, SSL）。

11. 雲端運算（Cloud Computing）是什麼？

12. 何謂物聯網（Internet of Things, IOT）？

13. 請簡介「無線射頻辨識技術」（Radio Frequency IDentification, RFID）。

02 網路行銷導論

　　隨著電子商務的優勢得到高度認同與網路行銷的日趨成熟，行銷方式因為網路而做了空前的改變，企業可以以較低的成本，開拓更廣闊的市場，如今已備受各大企業青睞。網路行銷的模式不但具備即時性、互動性、客製化，網路科技與行銷活動的整合，可加速企業實現許多行銷相關能力的競爭優勢。面對全球化與網路化的競爭趨勢，本章中將會跟各位討論網路行銷相關基本概念與特性：

- 認識網路行銷
- 網路行銷的定義
- 網路行銷的特性
- 漫談行銷的 4P 組合
- 網路行銷的 4P 組合
- 網路行銷規劃─STP
- SWOT 分析

2-1 認識網路行銷

「世上沒有不好賣的商品，只有不會賣的行銷人員！」行銷的英文是 Marketing，簡單來說，就是「開拓市場的行動與策略」，也就是將商品、服務等相關訊息傳達給消費者，而達到交易目的的一種方法或策略。彼得・杜拉克（Peter F. Drucker）曾經提出：「行銷（marketing）的目的是要使銷售（sales）成為多餘，行銷活動是要造成顧客處於準備購買的狀態。」

↑ 產品發表會是早期傳統行銷的主軸

以往傳統的商品的行銷策略中，大都是採取一般媒體廣告的方式來進行，例如報紙、傳單、看板、廣播、電視等媒體來進行商品宣傳，或者實際舉行所謂的「產品發表會」來與消費者面對面的行銷，通常會有區域上的限制，而且所耗用的人力與物力的成本也相當高。

↑ 現代人的生活每天都受到網路行銷的影響

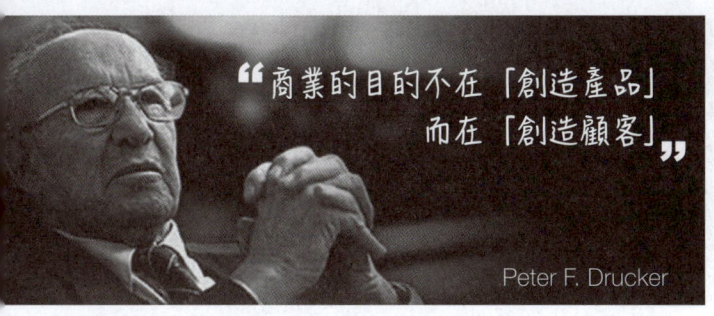

設計再精良的產品,沒有顧客就無法成功,管理大師杜拉克(Peter F. Drucker)曾經說過,商業的目的不在「創造產品」,而在「創造顧客」,企業存在的唯一目的就是提供服務和商品去滿足顧客的需求。目前最主流的行銷趨勢則是「顧客導向行銷」,包含顧客經驗、關係、溝通、顧客社群等整體考量的行銷策略與方式。

隨著網路新媒體不斷在蓬勃成長,行銷因為網路而做了空前的改變,不但具備即時性、互動性、客製化、連結性、跨地域等特性,更可以透過數位媒體的結合,使文字、聲音、影像與圖片可以整合在一起的網路研討會(Webinar),讓行銷的標的變得更為生動與即時,全天候 24 小時的提供商品行銷與宣傳服務。

> **Tips**　「網路研討會」Webinar
>
> 在數位行動時代裡,我們經常聽到 Webinar 這個術語,Webinar 一字來自 seminar,是指透過網路舉行的專題討論或演講,稱為「網路線上研討會」(Web Seminar 或 Online Seminar)。目前多半可以透過社群平臺的直播功能,提供演講者與參與者更多互動的新式研討會,通常專業性或主題性較強,許多廠商都利用這種型式來做為產品發表、教育訓練、行銷推廣等用途。
>
>

網路行銷的定義

行銷策略最簡單的定義就是在有限的企業資源條件下，充分分配資源於各種行銷活動，行銷大師菲律・柯特勒（Philip Kotler）曾說：「行銷活動主要是確認與滿足人類與社會的需求，並以可以獲利的方式滿足需要。」網路行銷可以看成是企業整體行銷戰略的一個組成部分，是為實現企業總體經營目標所進行，網路行銷是一種雙向的溝通模式，能幫助無數在網路成交的電商網站創造訂單創造收入。

網路行銷（Internet Marketing）或稱為數位行銷（Digital Marketing）本質其實和傳統行銷一樣，最終目的都是為了影響消費者（Target Audience），主要差別在於溝通工具不同，現在則可透過網路通訊的數位性整合，使文字、聲音、影像與圖片可以結合在一起，讓行銷標的變得更為生動與即時。

網路行銷的定義就是藉由行銷人員將創意、商品及服務等構想，利用通訊科技、廣告促銷、公關及活動方式在網路上執行。廣義來說，網路行銷可以視為是行銷活動、管理活動和網際網路的組合，換言之，只要行銷活動中某個活動透過網際網路達成，即可視為是網路行銷。

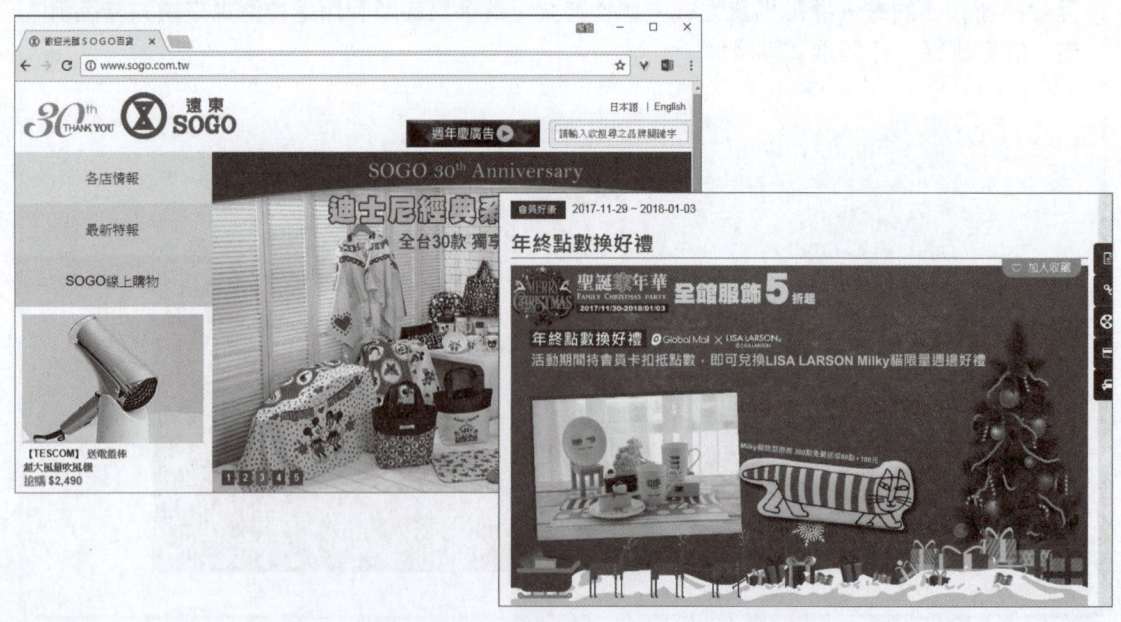

吸睛的網路行銷廣告，增加消費者購物動機

2-2 網路行銷的特性

網際網路已逐漸成為現代人生活的一部分,使得商業競爭從實體市場轉移至網路空間市場,在網路世界獨特運作規則下,自然呈現全新的行銷哲學,網路科技與行銷活動的整合,可加速企業實現許多行銷相關能力的競爭優勢,當然也將帶來 e 世代的網路行銷革命。接下來我們來認識網路行銷的五種特性。

2-2-1 與消費者的即時互動

↑ 7-ELEVEN 透過線上購物平臺成功與消費者互動

網路行銷並非單單只是意味著「建立你的網站」或「廣告你的網站」,相較於實體或傳統行銷,網路最大的特色就是打破了空間與時間的藩籬,買賣雙方可以立即回應,可以有效提高行銷範圍與加速資訊的流通。店家可隨時依照買方的消費與瀏覽行為,即時調整或提供量身訂制的資訊或產品,並且提供了多種溝通模式,包括線上搜尋、傳輸、付款、廣告行銷、電子信件交流及線上客服討論等。

在網際網路上,大家都是參與者,也是資源的消費者,更是資訊的生產者,網路的互動性讓消費者可依個人的喜好選擇各項行銷活動,讓顧客真實的反應呈現出來,還可延伸服務的觸角,以轉換為真正消費的動力。

電商網站設計趨勢通常可以反映當時的技術與時尚潮流，由於視覺是人們感受事物與參與互動的主要方式，近來電商網站的設計領域重點是，如何設計出讓用戶能簡單上手與高效操作的用戶互動設計，因此近來對於 UI/UX 話題重視的討論大幅提升。

UI（User Interface，使用者介面）是屬於一種人和電腦之間輸入和輸出的互動安排，網站設計應該由 UI 驅動，因為 UI 才是人們真正會使用的部分，UX（User Experience，使用者體驗）研究所占的角色也愈來愈重要，UX 的範圍則不僅關注介面設計，更包括所有會影響使用體驗的所有細節，包括視覺風格、程式效能、正常運作、動線操作、互動設計、色彩、圖形、心理等。

全世界公認是 UX 設計大師的蘋果賈伯斯有句名言：「我討厭笨蛋，但我做的產品連笨蛋都會用。」一語道出了 UX 設計的精髓。通常不同產業、不同商品用戶的需求可能全然不同。通常就算商品本身再好，如果用戶在與店家互動的過程中，有些環節造成用戶不好的體驗，也會影響到用戶對店家的觀感或購買動機。

🎧 專門收錄不同風格的 App 頁面 UI/UX 設計

2-2-2 全球化的市場效應

▲ Gap 時尚網站透過網路成功在全球發行

　　網路商店的經營時間是全天候的，因為網路無遠弗屆，使得全球化競爭更加白熱化，消費者可以隨時隨地利用網際網路進行跨國界購物、網路行銷幫助了原本只有當地市場規模的企業擴大到國際市場，小型公司也具有與大公司相互競爭的機會。由於網路科技帶動全球化的效應，也帶來前所未有的商機，長尾效應（The Long Tail）其實是全球化所帶動的新現象，只要通路夠大，非主流需求量小的商品總銷量也能夠和主流需求量大的商品銷量抗衡。

> **Tips 長尾效應（The Long Tail）**
>
> 克裡斯‧安德森（Chris Anderson）提出長尾效應（The Long Tail）的出現，也顛覆了傳統以暢銷品為主流的觀念。由於實體商店都受到 80/20 法則理論的影響，多數都將主要企業資源投入在 20% 的熱門商品（Big Hits），不過只要企業市場或通路夠大，透過網路科技無遠弗屆的伸展性，過去一向不被重視，在統計圖上像尾巴一樣的小眾商品，因為全球化市場的來臨，可能就會成為具備意想不到的大商機。
>
>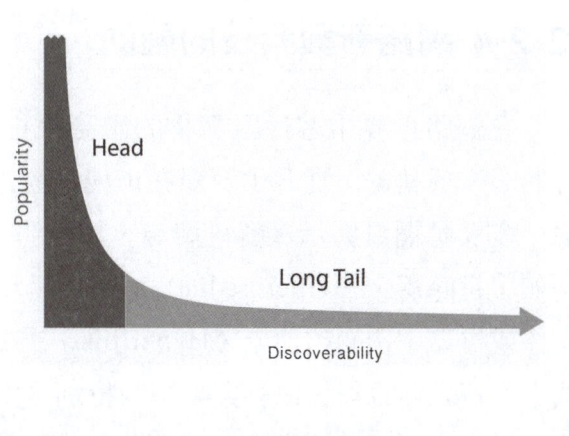

2-2-3 低成本的競爭優勢

電子商務與網路行銷的崛起與流行，使網路交易愈來愈頻繁，對業者而言，網路可讓商品縮短行銷通路、降低營運成本，一方面減少中間商與租金成本，進而節省大量開支和人員投入。

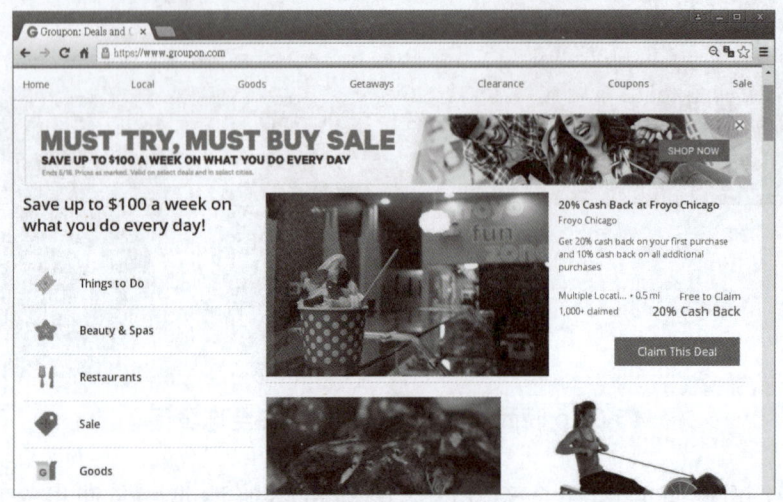

↑ 全球最大團購網站 Groupon，每天推出超殺的低價優惠

網路行銷擁有相對低成本的進場開銷金額，超過傳統媒體廣告的快速效益回應，經營之道必須不斷創新以及提供附加價值，才能使客戶不斷地回流，因為全球化與網際網路去中間化特質，以低成本創造高品牌能見度及知名度，進行品牌宣傳贏取訂單，因此能夠提供較具競爭性又物美價廉的價格給顧客，開拓更廣闊的市場。

2-2-4 網路新興科技的輔助

在網路世界中客戶對購物的體驗旅程追求不斷改變，創新科技輔助是網路行銷的一項利器，提升了資訊在市場交易上的重要性與績效，無論是寬頻網路傳輸、多媒體網頁展示、資料搜尋、超媒體（Hpermedia）技術、線上遊戲等等。例如「超媒體」（Hpermedia）是網頁呈現的新技術，是指將網路上不同的媒體文件或檔案，透過超連結（Hyperlink）方式連結在一起，相當適合以數位化的形式進行資訊的蒐集、保存與分享，特別是由於串流媒體（Streaming Media）技術的大幅進步，因此網際網路與網路科技的雙效結合也成了無可取代商業行銷的重要管道。

> **Tips　串流媒體（Streaming Media）**
>
> 所謂串流媒體是近年來熱門的一種網路多媒體傳播方式，它是將影音檔案經過壓縮處理後，再利用網路上封包技術，將資料流不斷地傳送到網路伺服器，而用戶端程式則會將這些封包一一接收與重組，即時呈現在用戶端的電腦上，讓使用者可依照頻寬大小來選擇不同影音品質的播放。

目前許多房屋仲介公司所架設的網站中，可以讓有意購屋者利用虛擬實境與擴增實境的技術，以 360 度的方式來檢視房子所有的外貌，同時也包含了各種細部裝潢的部分。虛擬實境技術（Virtual Reality Modeling Language, VRML）是一種程式語法，主要是利用電腦模擬產生一個三度空間的虛擬世界，提供使用者關於視覺、聽覺、觸覺等感官的模擬，利用此種語法可以在網頁上建造出一個 3D 的立體模型與立體空間。VRML 最大特色在於其互動性與即時反應，可讓設計者或參觀者在電腦中就可以獲得相同的感受，如同身處在真實世界一般，並且可以與場景產生互動，360 度全方位地觀看設計成品。

圖片來源：www.inside.com.tw

🎧 永慶房屋 i+ 智慧創新體驗館，帶來客戶看房的全新體驗

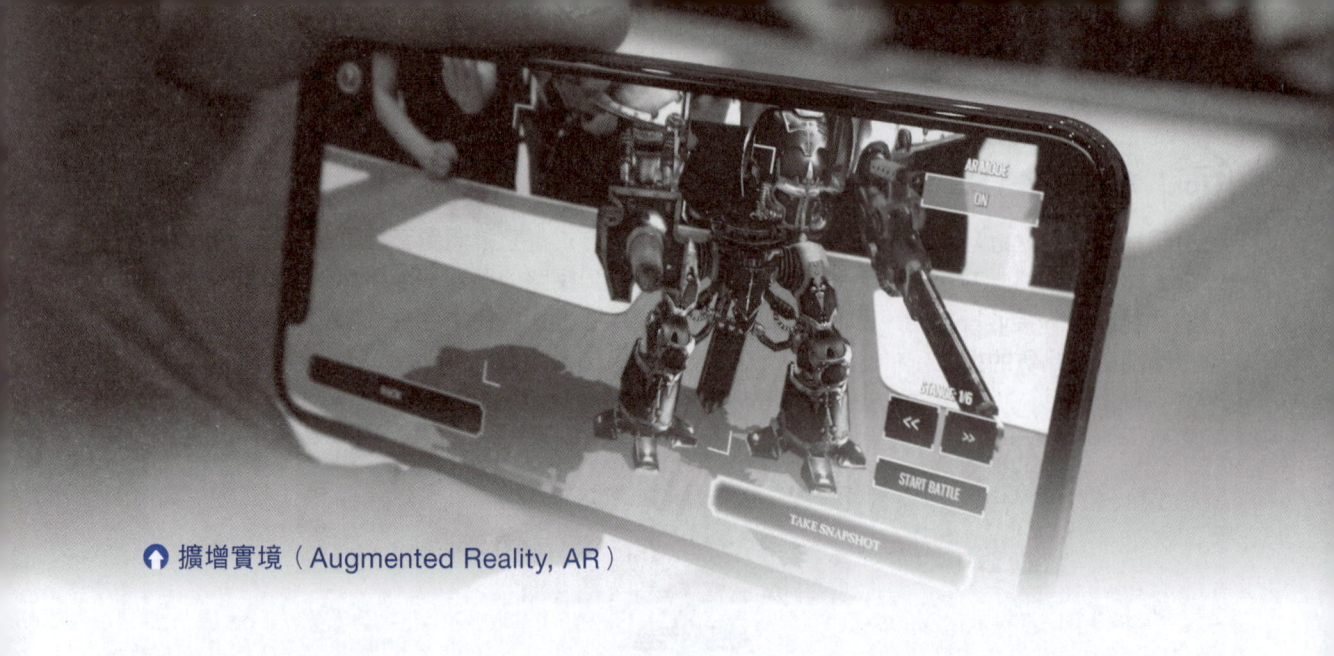

◎ 擴增實境（Augmented Reality, AR）

　　至於擴增實境（Augmented Reality, AR）是一種將虛擬影像與現實空間互動的技術，透過攝影機影像的位置及角度計算，在螢幕上讓真實環境中加入虛擬畫面，強調的不是要取代現實空間，而是在現實空間中添加一個虛擬物件，並且能夠即時產生互動，各位應該看過電影《鋼鐵人》在與敵人戰鬥時，頭盔裡會自動跑出敵人路徑與預估火力，就是一種 AR 技術的應用。

　　隨著消費者對網路依賴程度愈來愈高，網路媒體可以稱得上是目前所有媒體中滲透率最高的新媒體，網路行銷經常被認為是較精準的行銷，主要由於它是所有媒體中極少數具有「可被測量」特性的新媒體，店家可以透過分析數據，看見網路行銷的績效，進而輔助調整產品線或創新服務的拓展方向。

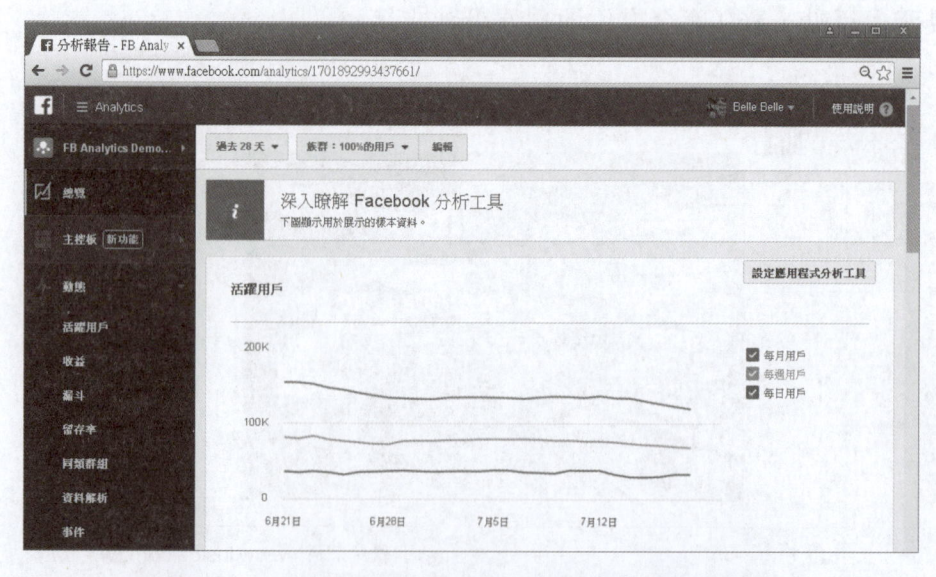

◎ Facebook Analytics 工具可以監控臉書訪客數量

2-2-5 客製化的銷售趨勢

　　客製化（Customization）是廠商依據不同顧客的特性而提供量身訂製的產品與不同的服務，消費者可在任何時間和地點，透過網際網路進入購物網站買到各種式樣的個人化商品。網路行銷並非只意味廣告自己的網站，過去的消費者行為中，顧客必須向店家表達個人需求，才能獲得客製化的商品。

　　因為唯有量身訂做的商品才能擄獲消費者的心，未來的網路行銷勢必走向客製化的趨勢，現在店家可以根據過去紀錄、分析、歸類使用者的瀏覽行為，能夠馬上提供個人化相關的購物建議，也可將行銷訊息精準傳達給目標族群，同時獲得改善網站產品與服務的能力。

▲ 客製化的商品在網路上大受歡迎

2-3 漫談行銷 4P 組合

在行銷的世界裡，現代人每天的食衣住行育樂都受到行銷活動的影響，美國行銷學學者麥卡錫教授（Jerome McCarthy）提出了著名的 4P 行銷組合（Marketing Mix），各位可以看成是一種協助企業建立各市場系統化架構的元件，藉著這些元件來影響市場上的顧客動向，構成市場行銷組合的各種手段。

所謂行銷組合的 4P 理論是指行銷活動的四大單元，包括產品（Product）、價格（Price）、通路（Place）與推廣（Promotion）等四項，也就是選擇產品、訂定價格、考慮通路與進行促銷等四種。通常這四者要互相搭配，才能提高行銷活動的最佳效果。

行銷的 4P
- 產品 Product
- 價格 Price
- 通路 Place
- 推廣 Promotion

2-3-1 產品

產品（Product）是指市場上任何可供購買、使用或消費以滿足顧客慾望或需求的東西，也就是企業提供給目標市場的貨物與服務的集合。隨著現代市場行為的改變，產品策略主要在研究新產品開發與改良，包括了產品組合、功能、包裝、風格、品質、附加服務等。

2-3-2 價格

價格（Price）策略又稱定價策略，主要研究產品的定價、調價等，企業可以根據不同的市場定位，配合制定彈性的價格策略，其中市場結構與效率都會影響定價策略，包括了定價方法、價格調整、折扣及運費等。我們都知道消費者對高品質、

⬆ 肯德基套餐會不定時調整價格策略

低價格商品的追求是永恆不變的。選擇低價政策可能帶來「薄利多銷」的榮景，卻不容易建立品牌形象，高價政策則容易造成市場上叫好不叫座的障礙。

2-3-3 通路

通路（Place）是由介於廠商與顧客間的行銷中介單位所構成，通路運作的任務就是在適當的時間，把適當的產品送到適當的地點，由生產者移轉給最終消費者或使用者的過程。通路對銷售而言是很重要的一環，掌握通路就等於控制了產品流通的咽喉，隨著愈來愈競爭的市場，迫使廠商愈來愈重視通路的改善，只要是撮合生產者與消費者交易的地方，都屬於通路的範疇，也是許多品牌最後接觸消費者的行銷戰場。

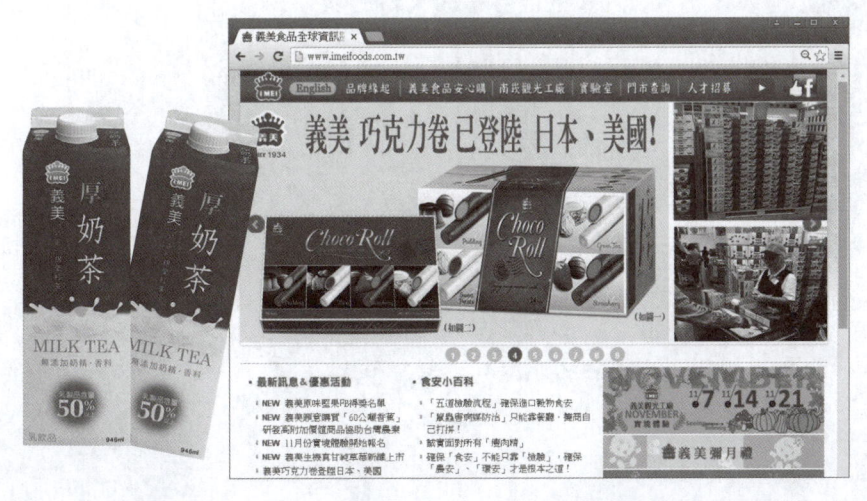

⬆ 好市多（Costco）通路成功讓義美厚奶茶成為爆紅的產品

2-3-4 推廣

　　推廣（Promotion）或稱為促銷，就是將產品訊息傳播給目標市場的活動，透過促銷活動試圖讓消費者購買產品，以短期的行為來促成消費的增長。產品在不同的市場周期時要採用什麼樣的推廣活動，促銷無疑是銷售行為中最直接吸引顧客上門的方式，如何利用促銷手腕來感動消費者，讓消費者真正受益，實在是推廣活動中最為關鍵的課題。

↑ 全聯福利中心不定期舉辦促銷活動來刺激買氣

2-4 網路行銷 4P 組合

4P 理論是傳統行銷學的核心，隨著網際網路與電子商務的興起，對於情況複雜的網路行銷觀點而言，傳統 4P 理論的作用就相對要弱化許多，在網路行銷時代，基本上就是一個創新而且競爭激烈的市場，因此我們必須重新來定義與詮釋網路行銷的新 4P 組合。

2-4-1 產品

在網路行銷的時代，產品內容包括了實體產品與虛擬產品兩種，實體產品有電視、電腦、衣服、書籍文具等，虛擬產品就是無實體的商品，包括服務、數位化商品、影片、電子書、軟體等。當企業計畫推出每一件新產品時，不是急於制定產品策略，或先考慮企業能生產什麼產品，反而必須要明確思考潛在顧客成員的需求，目前最主流的產品行銷趨勢則是「顧客導向」，因為企業提供的不應該只是產品和服務，更重要的是由此產生的顧客價值。

↑ 淘寶網為亞洲最大的網路商城，提供千奇百怪的產品

2-4-2 價格

在過去的年代，一個產品只要本身賣相夠好，東西自然就會大賣，然而在現代競爭激烈的網路全球市場中，消費者可選擇對象增多了，「貨比三家不吃虧」總是王道，消費者在購物之前或多或少都會到幾個自己常去的網站比價。傳統的定價方式將消費者排斥到定價體系之外，沒有充分考慮消費者的利益和承受能力，由於網路購物能降低中間商成本，並進行動態定價，企業應設法做到在消費者容忍的價格限度內增加利潤，真正充分考慮顧客願意支付的成本。

圖片來源：https://youtu.be/M3-JYgqvnLE

↑ trivago 號稱提供最優惠的全球旅館訂房服務

2-4-3　通路

在網路行銷的世代，由於網路通路的運作複雜且多元，讓原本的遊戲規則起了變化，許多以網路起家的品牌，靠著對網購通路的了解和特殊的行銷手法，成功搶去相當比例的傳統通路市場。企業不再只是觀察市場來決定通路，了解客戶熟悉的連結管道，從參與中了解市場需求。現代人由於工作和生活的忙碌，必須思考如何給消費者更方便的通路買到產品，努力讓顧客既買到商品也買到便利。

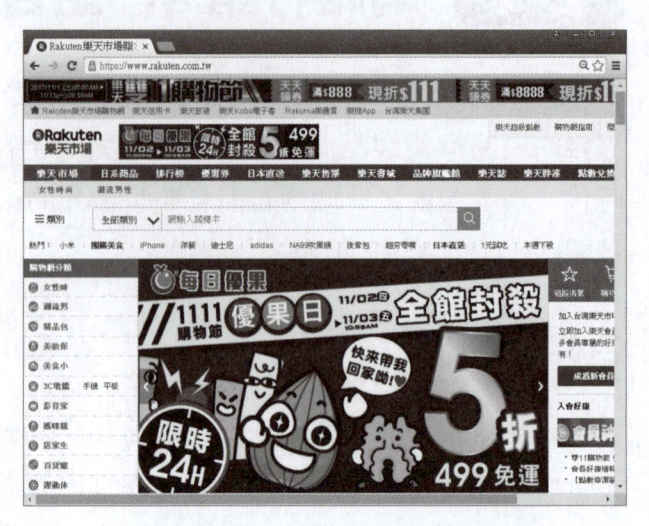

▲ 樂天市集是目前很火的網路通路

2-4-4　推廣

每當經濟成長趨緩，消費者購買力減退，這時推廣工作就顯得特別重要，網路行銷其實就是企業和顧客間能直接溝通對話，削弱了原有了批發商、經銷商等中間環節的功能。在網路上企業可以用較低的成本，開拓更廣闊的市場，終端消費者會因此得到更多的實惠，加上網路媒體互動能力強，企業應多加強溝通管道與互動，最好搭配不同工具進行完整的促銷策略運用，也能使最在乎 CP 值的消費者搶到俗擱大碗的商品。

▲ 燦坤 3C 經常推出讓人驚喜的網路促銷活動

2-5 網路行銷規劃─STP

在網路時代中,企業所面臨的市場就是一個不斷變化的環境,企業可以透過環境分析階段了解所處的市場位置,科特勒在《行銷學原理》中也曾經提到,「有效的行銷,是針對正確的顧客,建立正確的關係。」網路行銷規劃與傳統行銷規劃大致相同,所不同的是網路上行銷規劃程序更重視由顧客角度來出發,美國行銷學家溫德爾‧史密斯(Wended Smith)在 1956 年提出 S-T-P 的概念,STP 理論中的 S、T、P 分別是市場區隔(Segmentation)、目標市場目標(Targeting)和市場定位(Positioning)。企業開始擬定任何網路行銷策略,通常不論是開始行銷規劃或商品開發,第一步的思考都可以從 STP 著手。

2-5-1 市場區隔

現代行銷策略的核心是目標行銷,就是企業在不同的消費群體中,選擇最有利的一個或數個群體作為行銷目標。所謂「市場區隔」(Segmentation)是指任何企業都無法滿足所有市場的需求,應該著手建立產品的差異化,選擇最有利可圖的區隔市場。例如日本知名平價服飾大廠 UNIQLO(優衣庫),了解現代人愈來愈強調自我風格,不是所有的消費者都有能力及意願去追逐名牌,自品牌建立以來,創造出諸多服飾零售業的奇蹟,許多人希望能夠以低廉的價格買到物超所值的產品,主打平價、款式多,加上最具舒適感的材質,主要的目標顧客群大部分都在 15 ～ 35 歲之間,除了學生族群,還有上班族、白領階層,在日本興起國民品牌風潮的購買行為,並且成為全世界時尚矚目的休閒服飾平價品牌。

▶ UNIQLO 的平價服飾在臺灣也十分受到歡迎

2-5-2 市場目標

市場目標（Targeting）是指完成市場區隔後，我們就可依照我們的區隔來進行目標的選擇，也就是透過市場細分，有利於明確目標市場，然後針對產品所要推銷的客戶族群與主要客源市場，就其規模大小、成長、獲利、未來發展性等構面加以評估，從中選擇適合的區隔做為目標對象。臺灣的西式速食產業之競爭一向激烈，丹丹漢堡面對廣大的消費者族群，他們所針對的目標市場以學生和上班族為主，主要以平價餐點為主，單點價格約 $20 至 $50，早餐優惠餐 $35 至 $39，屬中低價位。丹丹漢堡的客群主要以女性偏多且佔了 54.67%，職業以學生居多，因為丹丹漢堡開在學區與公司附近，且價格比其他業者相對低價，而吸引較多學生及上班族前往消費。

↑ 丹丹漢堡已經成為南部旅遊的知名景點

2-5-3 市場定位

市場定位（Positioning）是檢視公司商品能提供之價值，根據產品提供的利益或需求滿足來定位，為自己立下一屬於品牌本身的獨特風格或地位。品牌定位是 STP 的最後一個步驟，透過定位策略，行銷人員可以讓企業的品牌與眾不同，並有效地與消費者進行溝通，深植入消費者的心中。例如從美國西雅圖起家的星巴克咖啡走向全球一萬二千家連鎖店，市場定位是主打高品質與高價消費的貼心服務，鎖定在高所得消費群，賣場氣氛營造以精緻化走向為主，定位為精品咖啡連鎖專賣店，讓有品味的顧客能夠在人來人往的都市角落裡，透過高品質的特有星巴克文化氣息，感受到一杯暖心的優質咖啡。

↑ 星巴克成功建立咖啡文化的領先定位

2-6 SWOT 分析

　　SWOT 分析法（SWOT Analysis）是由世界知名的麥肯錫諮詢公司所提出，又稱為態勢分析法，是一種很普遍的策略性規劃分析工具。當使用 SWOT 分析架構時，可以從對企業內部優勢、劣勢與面對競爭對手所可能帶來的機會及威脅來進行分析，然後從面對的四個構面深入解析，分別是企業的優勢（Strengths）、劣勢（Weaknesses）、與外在環境的機會（Opportunities）和威脅（Threats），就此四個面向去分析產業與策略的競爭力。行銷人員可作為分析企業競爭力與行銷規劃的基礎架構，優勢部分可列出企業的核心競爭優勢，劣勢部分則可以考慮企業有哪些弱勢層面，解決的策略共有 4 種：提升優勢、降低劣勢、把握可利用的機會與消除潛在威脅。

　　接下來我們將實際為各位利用 SWOT 來分析臺灣遊戲行銷產業策略的競爭力，首先我們介紹臺灣遊戲產業的現況：

　　遊戲產業變化非常快速、產品類型也多，從最早的單機遊戲、線上遊戲到近年來崛起的手機遊戲又造成一股狂熱，更令全球遊戲市場產生重大變化。對於遊戲產品而言，行銷方法的轉變是必須更符合人們的習慣與行為，因此如何制定一個好的行銷策略對遊戲商業模式的成功更是至關重要。

🔹 線上遊戲與手機遊戲已成為目前主流的遊戲平臺

2-6-1 優勢（Strengths）：企業內部優勢

在各國遊戲業者紛紛朝向全球化經營的趨勢下，隨著線上交易規模不斷擴大，傳統通路商的優勢不再，將傳統便利超商的通路行為，導引到線上支付，有效改善遊戲付費體驗，這對於遊戲公司內部的獲利能力，更有機會大幅提升。對於遊戲產品而言，網路所帶來行銷方式的轉變更能即時符合全球玩家的習慣與喜好，各種新的行銷工具及手法不斷推陳出新，例如透過世界知名的遊戲與地區社群合作，從而打入不同的地區市場，這些遊戲社群網站的討論區，一字一句都左右著遊戲在玩家心中的地位。

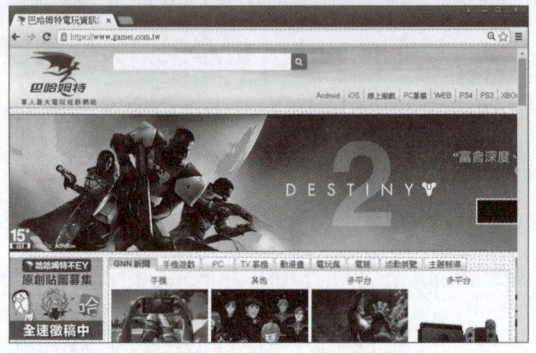

△ 遊戲基地 gamebase 巴哈姆特電玩資訊站

2-6-2 劣勢（Weaknesses）：企業內部劣勢

在過去的年代，遊戲產品的種類較少，一款遊戲只要本身夠好玩，東西自然就會大賣，然而在現代競爭激烈的全球市場中，往往提供類似產品的公司百家爭鳴，顧客可選擇對象增多了，但是市場也慢慢趨向飽和，現在主流遊戲走的都是「Free to play」的免費路線，「免費行銷」就是透過免費提供產品或服務，達到極小化玩家轉移到自家遊戲的移轉成本，相對於過去以消費者購買點數卡為主，玩家得支付月費才能進入遊戲，因此近幾年遊戲廠商在整體收入方面有逐漸萎縮的趨勢。

△ 免費行銷方式會讓遊戲產商的獲利減少

2-6-3 機會（Opportunities）：企業外部機會

雖然大量「免費行銷」方式讓整體穩定收入減少，但隨著網路科技不斷進步，廠商可以透過各種五花八門的加值服務來獲利，靠著利用走馬燈視窗展示虛擬物品或是觀戰權限、VIP身分、介面外觀等商城機制來獲利，例如手機轉珠遊戲「神魔之塔」曾經廣受低頭族歡迎，官方經常辦促銷活動送魔法石，並活用社群工具以及跟遊戲網站合作，如此可吸引大量玩家的加入，想要獲得魔法石，全新角色等免費寶物，達到線上與線下虛實合一的效果，畢竟只要能贏得夠多玩家的青睞，對這款遊戲而言始終是占有競爭優勢。

▲ 神魔之塔的網路行銷手法也是令遊戲火紅的關鍵

近年來「宅經濟」（Stay at Home Economic）這個名詞迅速火紅，在許多報章雜誌中都可以看見它的身影，「宅男、宅女」這名詞是從日本衍生而來，指許多整天呆坐在家中看DVD、玩線上遊戲等的消費群，在這一片不景氣當中，宅經濟帶來的「宅」商機卻創造出另一個經濟奇蹟，也為遊戲產業注入一股新的活水。

2-6-4 威脅（Threats）：企業外部威脅

　　隨著遊戲市場競爭愈來愈激烈，許多遊戲新產品的生命週期與以往作品相較變得愈來愈短，加上虛擬貨幣及寶物價值日漸龐大，因此有不少針對遊戲所設計的寶物取得外掛程式，甚至有些遊戲玩家運用自己豐富的電腦知識，透過特殊軟體（如特洛依木馬程式）進入電腦暫存檔獲取其他玩家的帳號及密碼，或用外掛程式洗劫對方的虛擬寶物，再把那些玩家的裝備轉到自己的帳號來，讓該款遊戲的公平性受到質疑，導致該款遊戲人數大量減少。

↑ 網路上有許多讓玩家交換寶物或購買的網站

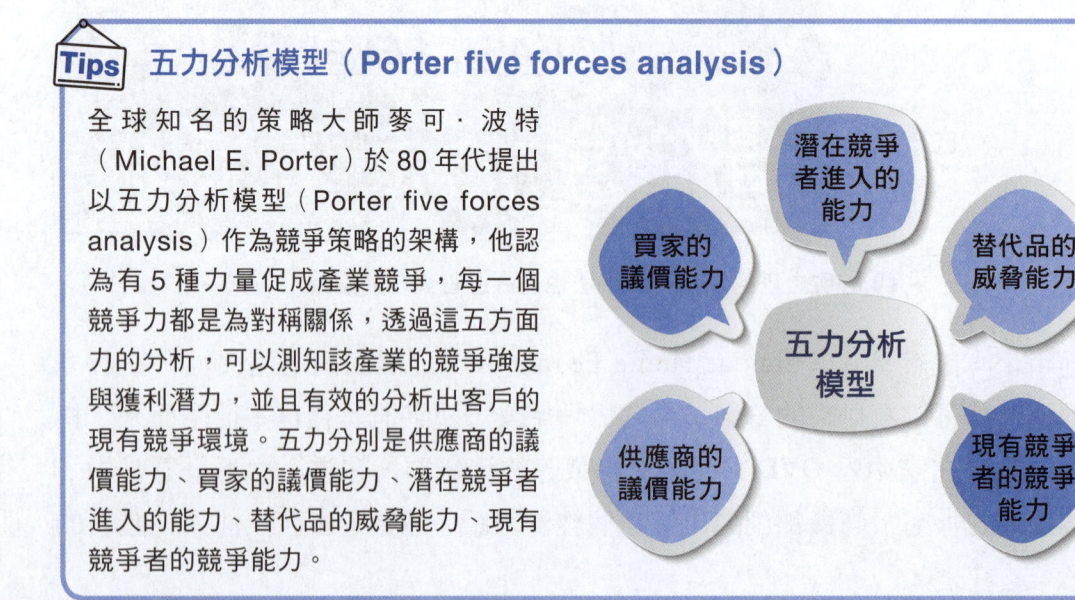

> **Tips 五力分析模型（Porter five forces analysis）**
>
> 全球知名的策略大師麥可‧波特（Michael E. Porter）於80年代提出以五力分析模型（Porter five forces analysis）作為競爭策略的架構，他認為有5種力量促成產業競爭，每一個競爭力都是為對稱關係，透過這五方面力的分析，可以測知該產業的競爭強度與獲利潛力，並且有效的分析出客戶的現有競爭環境。五力分別是供應商的議價能力、買家的議價能力、潛在競爭者進入的能力、替代品的威脅能力、現有競爭者的競爭能力。

2-7 顧客關係管理與關係行銷

自從網際網路應用於商業活動以來，改變了全球企業經營模式，企業必須體認到企業經營的最終目的不僅是向消費者行銷，而是隨時維持與顧客間的關係。面對全球化與網路化的競爭趨勢，從企業的角度來說，顧客的使用經驗透露出許多珍貴的商業訊息，為了建立良好的關係，企業必須不停地與顧客互動，採用顧客關係管理系統或相關策略來管理顧客互動，也是獲得顧客忠誠的最重要行銷策略。

🔺 博客來的顧客關係管理系統相當成功

顧客是企業的資產也是收益的來源，市場是由顧客所組成，網路行銷不但是開始建立顧客關係的一種工具，現代許多企業愈來愈重視「顧客關係管理」（Customer Relationship Management, CRM）的範疇，而顧客關係管理是一項經營管理的概念。

2-7-1 顧客關係管理簡介

顧客關係管理（CRM）是由 Brian Spengler 在 1999 年提出，最早開始發展顧客關係管理的國家是美國。CRM 的定義是指企業運用完整的資源，以客戶為中心目標，讓企業具備更完善的客戶交流能力，透過所有管道與顧客互動，並提供適當的服務給顧客。

對於一個現代企業而言，贏得一個新客戶所要花費的成本，幾乎就是維持一個舊客戶的五倍，留得愈久的顧客，帶來愈多的利益。小部分的優質顧客提供企業大部分的利潤，這個發現通常被稱為 80-20 法則（80-20），也就是 80% 的銷售額或利潤來自於 20% 的顧客。

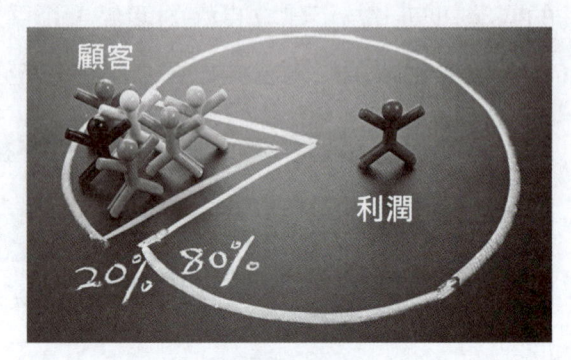

↑ 80-20 法則

> **Tips 旋轉門效應（Revolving-door Effect）**
>
> 許多企業往往希望不斷的拓展市場，經常把焦點放在吸收新顧客上，卻忽略了手邊原有的舊客戶，如此一來，也就是費盡心思地將新顧客拉進來時，被忽略的舊用戶又從後門悄悄的溜走了，這種現象便造成了所謂的「旋轉門效應」。

2-7-2 關係行銷

傳統企業面對顧客的方式是採用大眾行銷（Mass Marketing）的態度，這是一種運用行銷媒體，針對廣大的顧客群進行行銷活動。從網路行銷的角度來說，現代企業已經由傳統功能型組織轉為網路型的組織，特別是在網路行銷時代，企業為了提高行銷的附加價值，開始對每個顧客量身打造產品與服務，塑造個人化服務經驗與採用差異化行銷（Differentiated Marketing），蒐集並分析顧客的購買產品與習性，了解每一位顧客的個別偏好，一一滿足他們的需要，再針對不同顧客需求提供產品與服務，為顧客提供量身訂做式的服務，最後進而創造出以「關係行銷」（Relationship Marketing）為行銷的核心價值，精準將行銷資源投注於最有價值及發展的客戶群。

所謂「關係行銷」（Relationship Marketing）是以一種建構在「彼此有利」為基礎的觀念，強調銷售是關係的開始，而非交易的結束，發展出了解顧客需求，而進行顧客服務，以建立並維持與個別顧客的關係，謀求雙方互惠的利益。關係行銷的目標是要與顧客建立長期關係，滿足與超越顧客需求是建立顧客關係的重要手段，想要創造顧客價值，首先需要了解顧客的需求與使用經驗，這些相關訊息可能透露出其個性、偏好程度、消費習慣等，同時蒐集顧客問題與心得，再設計最適當的流程與顧客接觸，然後運用顧客資料庫的大量資料，以便對顧客有更精確的區隔，不同區隔的顧客予以不同的待遇，建立完整顧客資料庫，掌握顧客全貌，而使得所有顧客關係的總價值極大化。

⬆ 王品集團建立了相當完善的關係行銷制度

> **Tips** 資料倉儲（Data Warehouse）
>
> 資料倉儲於1990年由資料倉儲 Bill Inmon 首次提出，是以分析與查詢為目的所建置的系統，目的是希望整合企業的內部資料，並綜合各種外部資料，經由適當的安排來建立一個顧客資料儲存庫。
>
> 資料探勘（Data Mining）則是一種資料分析技術，可視為資料庫中知識發掘的一種工具，可以從一個大型資料庫所儲存的資料中萃取出有價值的知識，廣泛應用於各行各業中，現代商業及科學領域都有許多相關的應用。

重點整理

1. 彼得‧杜拉克（Peter F. Drucker）曾經提出：「行銷（Marketing）的目的是要使銷售（sales）成為多餘，行銷活動是要造成顧客處於準備購買的狀態。」

2. 管理大師杜拉克（Peter F. Drucker）曾經說過，商業的目的不在「創造產品」，而在「創造顧客」，企業存在的唯一目的就是提供服務和商品去滿足顧客的需求。

3. Webinar 一字來自 seminar，是指透過網路舉行的專題討論或演講，稱為「網路線上研討會」（Web Seminar 或 Online Seminar）。目前多半可以透過社群平臺的直播功能，提供演講者與參與者更多互動的新式研討會。

4. 網路行銷可以看成是企業整體行銷戰略的一個組成部分，是為實現企業總體經營目標所進行，網路行銷是一種雙向的溝通模式，能幫助無數在網路成交的電商網站創造訂單創造收入。

5. 網路行銷的定義就是藉由行銷人員將創意、商品及服務等構想，利用通訊科技、廣告促銷、公關及活動方式在網路上執行。

6. 網路行銷最大的特色就是打破了空間與時間的藩籬，買賣雙方可以立即回應，可以有效提高行銷範圍與加速資訊的流通。

7. 長尾效應（The Long Tail）其實是全球化所帶動的新現象，只要通路夠大，非主流需求量小的商品總銷量也能夠和主流需求量大的商品銷量抗衡。

8. 超媒體（Hpermedia）是網頁呈現的新技術，是指將網路上不同的媒體文件或檔案，透過超連結（Hyperlink）方式連結在一起，相當適合以數位化的形式進行資訊的蒐集、保存與分享。

9. 串流媒體（Streaming Media）是近年來熱門的一種網路多媒體傳播方式，它是將影音檔案經過壓縮處理後，再利用網路上封包技術，將資料流不斷地傳送到網路伺服器，而用戶端程式則會將這些封包一一接收與重組，即時呈現在用戶端的電腦上，讓使用者可依照頻寬大小來選擇不同影音品質的播放。

10. 虛擬實境技術（Virtual Reality Modeling Language, VRML）是一種程式語法，主要是利用電腦模擬產生一個三度空間的虛擬世界，提供使用者關於視覺、聽覺、觸覺等感官的模擬，利用此種語法可以在網頁上建造出一個 3D 的立體模型與立體空間。

11. 擴增實境（AR, Augmented Reality）是一種將虛擬影像與現實空間互動的技術，透過攝影機影像的位置及角度計算，在螢幕上讓真實環境中加入虛擬畫面，強調的不是要取代現實空間，而是在現實空間中添加一個虛擬物件，並且能夠即時產生互動。

12. 客制化（Customization）是廠商依據不同顧客的特性而提供量身訂製的產品與不同的服務，消費者可在任何時間和地點，透過網際網路進入購物網站買到各種式樣的個人化商品。

13. 行銷組合的 4P 理論是指行銷活動的四大單元，包括產品（Product）、價格（Price）、通路（Place）與推廣（Promotion）等四項，也就是選擇產品、訂定價格、考慮通路與進行推廣等四種。

14. 價格策略又稱定價策略，主要研究產品的定價、調價等，企業可以根據不同的市場定位，配合制定彈性的價格策略，其中市場結構與效率都會影響定價策略，包括了定價方法、價格調整、折扣及運費等。

15. 通路（Place）是由介於廠商與顧客間的行銷中介單位所構成，通路運作的任務就是在適當的時間，把適當的產品送到適當的地點，由生產者移轉給最終消費者或使用者之過程。

16. 推廣（Promotion）或稱為促銷，就是將產品訊息傳播給目標市場的活動，透過促銷活動試圖讓消費者購買產品，以短期的行為來促成消費的增長。

17. 在網路行銷的時代，產品的內容包括了實體產品與虛擬產品兩種，實體產品有電視、電腦、衣服、書籍文具等，虛擬產品就是無實體的商品，包括服務、數位化商品、影片、電子書、軟體等。

18. 美國行銷學家溫德爾・史密斯（Wended Smith）在 1956 年提出的 S-T-P 的概念，STP 理論中的 S、T、P 分別是市場區隔（Segmentation）、目標市場目標（Targeting）和市場定位（Positioning）。

19. 「市場區隔」（Segmentation）是指任何企業都無法滿足所有市場的需求，應該著手建立產品的差異化，選擇最有利可圖的區隔市場。

20. 市場目標（Targeting）是指完成了市場區隔後，我們就可以依照我們的區隔來進行目標的選擇，也就是透過市場細分，有利於明確目標市場，然後針對產品所要推銷的客戶族群與主要客源市場，就其規模大小、成長、獲利、未來發展性等構面加以評估，從中選擇適合的區隔做為目標對象

21. 市場定位（Positioning）是檢視公司商品能提供之價值，根據產品提供的利益或需求滿足來定位，為自己立下一屬於品牌本身的獨特風格或地位。

22. 當使用 SWOT 分析架構時，可以從對企業內部優勢與劣勢與面對競爭對手所可能的機會與威脅來進行分析，然後從面對的四個構面深入解析，分別是企業的優勢（Strengths）、劣勢（Weaknesses）與外在環境的機會（Opportunities）和威脅（Threats），就此四個面向去分析產業與策略的競爭力。

23. 「免費行銷」就是透過免費提供產品或服務，達到極小化玩家轉移到自家遊戲的移轉成本。

24. 策略大師麥可・波特（Michael E. Porter）於 80 年代提出以五力分析模型（Porter five forces analysis）作為競爭策略的架構，分別是供應商的議價能力、買家的議價能力、潛在競爭者進入的能力、替代品的威脅能力、現有競爭者的競爭能力。

25. 顧客關係管理（CRM）是由 Brian Spengler 在 1999 年提出，最早開始發展顧客關係管理的國家是美國。CRM 的定義是指企業運用完整的資源，以客戶為中心的目標，讓企業具備更完善的客戶交流能力，透過所有管道與顧客互動，並提供適當的服務給顧客。

26. 80-20 法則（80-20）是指 80% 的銷售額或利潤來自於 20% 的顧客。

27. 費盡心思地將新顧客拉進來時，被忽略的舊用戶又從後門悄悄的溜走了，這種現象便造成了所謂的「旋轉門效應」（Revolving-door Effect）。

28. 「關係行銷」（Relationship Marketing）是以一種建構在「彼此有利」為基礎的觀念，強調銷售是關係的開始，而非交易的結束，發展出了解顧客需求，而進行顧客服務，以建立並維持與個別顧客的關係，謀求雙方互惠的利益。

Chapter 02　Q&A 習題

一、選擇題

(　) 1. 美國行銷學家溫德爾‧史密斯（Wended Smith）在 1956 年提出的 S-T-P 的概念，不包含以下哪一個項目？
(A) 市場區隔
(B) 市場通路
(C) 市場定位
(D) 目標市場。

(　) 2. 行銷組合的 4P 理論，包括以下哪個單元？
(A) 產品（product）
(B) 價格（price）
(C) 促銷（promotion）
(D) 以上皆是。

(　) 3. 以下哪一項不是屬於 SWOT 分析的構面？
(A) 優勢　(B) 劣勢　(C) 潛力　(D) 機會。

(　) 4. 什麼是一種資料分析技術，可視為資料庫中知識發掘的一種工具，可以從一個大型資料庫所儲存的資料中萃取出有價值的知識？
(A) 資料探勘
(B) 資料倉儲
(C) 線上分析處理
(D) 線上交易處理。

(　) 5. 全球知名的策略大師麥可‧波特（Michael E. Porter）於 80 年代提出以五力分析模型（Porter five forces analysis）作為競爭策略的架構，以下哪一種不是武力之一？
(A) 供應商的議價能力
(B) 買家的估價能力
(C) 潛在競爭者進入的能力
(D) 替代品的威脅能力。

二、問答題

1. 網路行銷的特性為何？

2. 在數位行動時代裡，我們經常聽到 Webinar 這個術語，請說明它的意義。

3. 網路行銷的定義為何？

4. 請說明長尾效應（The Long Tail）。

5. 試簡述 STP 理論。

6. 試簡述行銷組合的 4P 理論。

7. 請簡述客製化（Customization）的意義。

8. 什麼是串流媒體（Streaming Media）？

9. 請簡述虛擬實境技術（Virtual Reality Modeling Language, VRML）。

10. 什麼是擴增實境（AR, Augmented Reality）？

11. 什麼是「市場區隔」（Segmentation）？

12. 請說明 SWOT 分析。

13. 請簡述市場目標（Targeting）。

14. 請介紹資料倉儲（Data Warehouse）。

15. 請介紹資料探勘（Data Mining）。

16. 什麼是五力分析模型（Porter five forces analysis）？

17. 何謂顧客關係管理（CRM）？

03 行動行銷

隨著 4G 行動寬頻、網路和雲端產業的帶動下，全球行動裝置快速發展，現代人人手一機，從網路優先（Web First）向行動優先（Mobile First）轉型的數位浪潮上，這股趨勢愈來愈明顯，社群平臺可以說是依靠行動裝置而壯大，「新眼球經濟」所締造的市場經濟效應，正快速連結身邊所有的人、事、物，行動行銷已經成為一種必然的趨勢。本章中將會跟各位討論目前行動行銷的相關常識與工具：

- 行動通訊技術
- 企業 M 化
- 行動行銷簡介
- 行動行銷的定義
- 行動行銷的特性
- 行動行銷創新應用
- 行動線上服務平臺
- 定址服務（LBS）
- QR Code
- 行動支付
- App 行動行銷
- Line 行動行銷
- LINE@ 生活圈行銷

⌂ 智慧型手機與平板的大量普及，揭開了行動行銷的序幕

　　自從 2015 年開始，行動商務的使用者人數開始呈現爆發性的成長，結合無線通訊，無所不在的行動裝置（如智慧型手機、平板電腦、穿戴式裝置）充斥著我們的生活，消費者在網路上的行為愈來愈複雜，這股行動浪潮也帶動網路行銷市場的競爭愈趨激烈，行動上網已逐漸成為網路服務之主流。

> **Tips 穿戴式裝置（Wearables）**
>
> 穿戴式裝置（Wearables）為行動裝置帶來多樣性的選擇，手機配合的穿戴式裝置也愈來愈吸引消費者的目光，在倉儲、物流中心等商品運輸領域，早已可見穿戴式裝置協助倉儲作業。相關行銷應用可以同時扮演連結者的角色，未來可以從一般消費者的食衣住行日常生活著手，運用創意吸引消費者來開發更多穿戴式裝置的廣告行銷工具。
>
> ⌂ 韓國三星也推出許多穿戴式裝置

3-1 行動通訊技術

隨著蘋果電腦推出的 iphone、ipad 等產品爆紅之後，全世界的行動電商市場如風起雲湧般帶來大量變化，網路家庭董事長詹宏志曾在一場演講中發表他的看法：「愈來愈多消費者使用行動裝置購物，這件事極可能帶來根本性的轉變，甚至讓電子商務相關產業一切重來。」當然這都是歸功於行動通訊技術的快速發展。

> **Tips 企業行動化（企業 M 化）**
>
> 企業行動化（企業 M 化）成為全球專家和業者關注的焦點，從早期的 E 化（electronic）到接下來的 I 化（Internet），一直到近來的企業 M 化（Mobile）已經是時代潮流演進的必然結果。M 化的基本特性包含了效率、效能與整合，企業 M 化是 E 化的延伸，是將企業商務活動行動化，以降低成本、節省時間，提高管理效率。
>
> 中華電信提供企業客戶最專業的 M 化服務解決方案

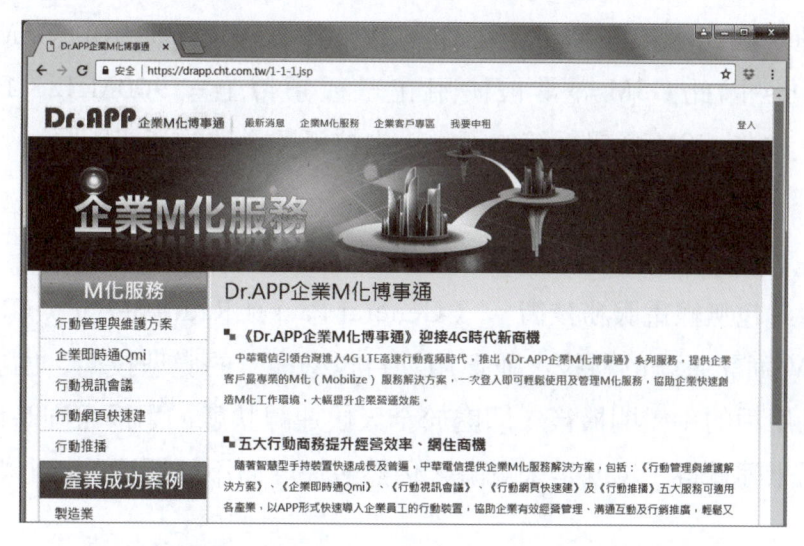

所謂「無線廣域網路」（Wireless Wide Area Network, WWAN），就是行動電話及數據服務所使用的行動通訊網路（Mobil Data Network），由電信業者所經營，其組成包含有行動電話、無線電、個人通訊服務（Personal Communication Service, PCS）、行動衛星通訊等，從早期的 AMPS，到現在通行的 GSM、GPRS 與第四代行動通訊系統（4G），多半用於行動通訊系統，配合如行動電話、筆記型電腦或 PDA 等通訊設備，可以傳輸語音、影像、多媒體等內容。以下將為各位介紹行動通訊技術的發展與相關標準。

❖ AMPS

AMPS（Advance Mobile Phone System, AMPS）系統是北美第一代行動電話系統，採類比式訊號傳輸，即是第一代的行動通話系統，例如早期耳熟能詳的「黑金剛」大哥大，原本 090 開頭的使用者將自動升級為 0910 的門號系統。

「黑金剛」大哥大

❖ GSM

「全球行動通訊系統」（Global System for Mobile Communications, GSM）1990 年由歐洲發展出來，故又稱泛歐數位式行動電話系統。GSM 是屬於無線電波的一種，因此必須在頻帶上工作，由於各個國家所使用的 GSM 系統規格上會有不同，因此 GSM 經常被使用在三種頻帶上－900MHz、1800MHz、1900MHz。由於 GSM 通訊系統的誕生，也拉近了全球的通訊距離。

❖ GPRS

「整合封包無線電服務技術」（General Packet Radio Service, GPRS）是一種透過 GSM 通訊系統的科技，並運用「封包交換」的處理技術。由於資料傳輸速率提升且用戶的手機開機後，即處於全天候連線狀態，用戶可同時使用語音和多媒體或視訊等資料。也就是來電時，仍然可連線而不須斷線重新上網。

❖ 3G

3G（third-generation）就是第 3 代行動通訊系統，與所謂 2.5G 相比，具有傳輸速率更高的優點，最高可到 2Mbps，主要目的是透過大幅提升數據資料傳輸速度，並採用與 Internet 相同的 IP 技術，除了 2G 時代原有的語音與非語音數據服務，還多了網頁瀏覽、電話會議、視訊電話、傳送或下載資料等多媒體動態影像傳輸。3.5G 使用的技術為 HSDPA（High-Speed Downlink Packet Access）是 3G 技術的升級版本，主要用來加快用戶端設備（User Equipment, UE）的下行傳輸速率。

❖ 4G

4G（fourth-generation）是指行動電話系統的第四代，為新一代行動上網技術的泛稱，4G 所提供的頻寬更大，由於新技術的傳輸速度比 3G/3.5G 更快，能夠達成更多樣化與更私人化的網路應用，也是 3G 之後的延伸，所以業界稱為 4G。長期演進技術（Long Term Evolution, LTE）則是以現有的 GSM/UMTS 的無線通信技術為主來發展，能與 GSM 服務供應商的網路相容，最快的理論傳輸速度可達 170Mbps 以上，例如各位傳輸 1 個 95MB 的影片檔，只要 3 秒鐘就完成，除了頻寬、速度與高移動性的優勢外，LTE 的網路結構也較為簡單。

◯ LTE 已經成為全球電信業者發展 4G 標準的新寵兒

❖ 5G

5G（fifth-generation）指的是行動電話系統第五代，也是 4G 之後的延伸，5G 技術是整合多項無線網路技術而來，包括幾乎所有以前幾代行動通信的先進功能，對一般用戶而言，最直接的感覺是 5G 比 4G 又更快了。由於大眾對行動數據的需求年年倍增，因此就會需要第五代行動網路技術，韓國三星電子在 2013 年宣布，已經在 5G 技術領域獲得關鍵突破，預計未來將可實現 10Gbps 以上的傳輸速率，在這樣的傳輸速度下，只要一按播放鍵，影片幾乎便會立即開始播放。

> **Tips 無線個人網路（WPAN）**
>
> 無線個人網路（Wireless Personal Area Network, WPAN），通常是指在個人數位裝置間作短距離訊號傳輸，通常不超過 10 公尺，並以 IEEE 802.15 為標準。通訊範圍通常為數十公尺，目前通用的技術主要有：藍牙、紅外線、Zigbee、Rfid、NFC 等。例如藍牙技術主要支援「點對點」（point-to-point）及「點對多點」（point-to-multi points）的連結方式，它使用 2.4GHz 頻帶，目前傳輸距離大約有 10 公尺，每秒傳輸速度約為 1Mbps，預估未來可達 12Mbps。

3-2 行動行銷簡介

　　行動行銷就是網路行銷的延伸，根據最新數據顯示，現在超過半數 57％ 的 Google 搜尋流量來自行動用戶。在分秒必爭、講求資訊行動化的環境下，行動裝置已經主宰電商產業，行動上網已逐漸成為網路服務之主流，藉由人們日益需求行動通訊，而讓行銷的活動延伸到人們下線（off-line）生活中，連帶也使行動行銷成為兵家必爭之地。

3-2-1　行動行銷的定義

　　在分秒必爭，講求資訊行動化的環境下，當行動載具全面融入消費者生活，行動行銷爆炸性的成長，成為全球品牌關注的下一個戰場。所謂「行動行銷」（Mobile Marketing），主要是指伴隨著手機和其他以無線通訊技術為基礎的行動終端發展而逐漸成長起來的一種全新行銷方式，突破了傳統定點式網路行銷受到空間與時間的侷限，透過行動通訊網路來進行商業交易行為。

智慧型手機已經成了現代人日常生活的必備品

3-2-2 行動行銷的特性

相較於傳統的電視、平面，甚至桌上型電腦，行動媒體除了讓消費者在使用時的心理狀態和過去大不相同外，並且還能夠創造與其他傳統媒體相容互動的加值服務，因為行動行銷擁有如此廣大的商機，使得許多企業紛紛加速投入這塊市場，唯有掌握行動行銷的四種特性，才能將產品觸及到消費者的心裡。

❖ 個人化（Personalization）

行動設備將是一種比個人電腦（PC）更具個人化特色的裝置，因為消費者使用行動裝置時，眼球能面向的螢幕只有一個，有助於協助廣告主更精準鎖定目標顧客，並考量公司企業的資源條件與既定目標，推出不同產品與服務，提供許多個人化的資訊和服務，進行一對一的精準行銷。

> **Tips　Beacon**
>
> Beacon 是種低功耗藍牙技術（Bluetooth Low Energy, BLE），藉由室內定位技術應用，具有主動推播行銷應用特性，比 GPS 有更精準的微定位功能，可包括在室內導航、行動支付、百貨導覽、人流分析，及物品追蹤等近接感知應用。隨著支援藍牙 4.0 BLE 的手機、平板裝置愈來愈多，利用 Beacon 的功能，能幫零售業者做到對不同顧客進行精準的「個人化習慣」分眾行銷。

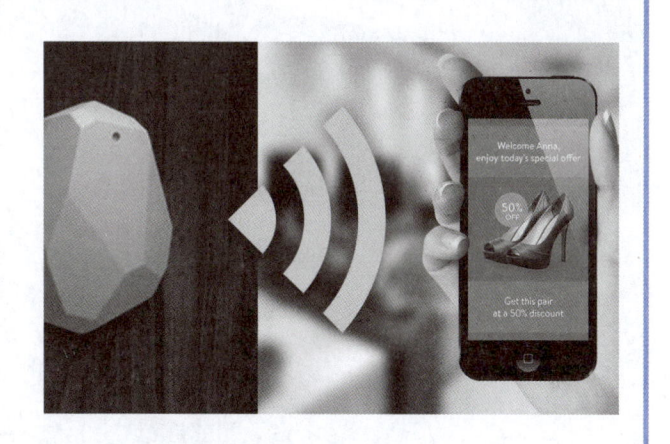

❖ 即時性（Instantaneity）

行動行銷相較於傳統行銷具有更多的即時性，例如外出旅遊時，可以直接利用手機搜尋天氣、路線、當地名勝、商圈、人氣小吃與各種消費資訊等，讓消費者時時刻刻接收各項行動服務新行銷資訊，更進一步加深品牌或產品的印象。

❖ 定位性（Localization）

定位性（Localization）的行銷活動本來就一直是廣告主的夢想，它代表能夠透過行動裝置探知與確定消費者目前所在的地理位置，並能即時將資訊傳送到對的客戶手中，使用者的位置都可以隨時追蹤並定位，甚至是搭配如GPS技術，讓使用者的購物行為可以根據地理位置的偵測，立即得到想要的消費訊息與店家位置，甚至於超值的優惠方案。

❖ 隨處性（Ubiquity）

「消費者在哪裡、品牌行銷訊息傳播就到哪裡！」隨著無線網路愈來愈普及，消費者不論上山下海隨時都能帶著行動裝置到處跑，因為隨處性（Ubiquity）能夠清楚連結任何地域位置，讓使用者的位置不再是連線上的問題，能滿足使用者對即時資訊與通訊的需求。

3-3 行動行銷創新應用

　　科技是影響企業未來營運的最大創新因素，行動行銷的應用發展已經超乎了你我的想像，行動行銷最重要的目標是在低頭族們快速滑手機的當下，透過行動行銷模式的持續創新，來吸引消費者的目光。接下來我們將會為各位介紹目前最當紅行動行銷與科技的創新應用。

🎧 使用 App 購物已經成為流行風潮

3-3-1 行動線上服務平臺

　　智慧型行動裝置已成為目前 3C 產品的一大主力市場，行動作業系統近似在桌上型電腦上運行的作業系統，但是它們通常較為簡單，而且提供了無線通訊的功能。例如目前最當紅的手機 iPhone 就是使用原名為 iPhone OS 的 iOS 行動作業系統，這是一種封閉的系統，並不開放給其他業者使用。至於 Android 是 Google 公布的行動作業系統，其擁有的最大優勢，就是跟各項 Google 服務完美的整合。隨著行動作業系統的普及與發展，更帶動了 App 的快速發展，App 是 Application 的縮寫，代表行動裝置上的應用程式，為了增加作業系統的附加價值，各家公司都針對其行動裝置作業系統推出了行動服務平臺，目前最為知名的有以下兩個行動服務平臺。

❖ **App Store**

　　App Store 是蘋果公司針對使用 iOS 作業系統的系列產品，讓用戶可透過手機或上網購買或免費試用裡面 App，App Store 除了將所販售的軟體加以分類，讓使用者方便尋找外，還提供了方便的金流和軟體下載安裝方式，甚至有軟體評比機制，讓使用者有選購的依據。

◖ App Store 首頁畫面

❖ **Google Play**

　　Google 也推出針對 Android 系統提供的一個線上應用程式服務平臺—Google Play，透過 Google Play 網頁可以尋找、購買、瀏覽、下載及評比使用手機免費或付費的 App 和遊戲，Google Play 為一開放性平臺，任何人都可上傳其所開發的應用程式。

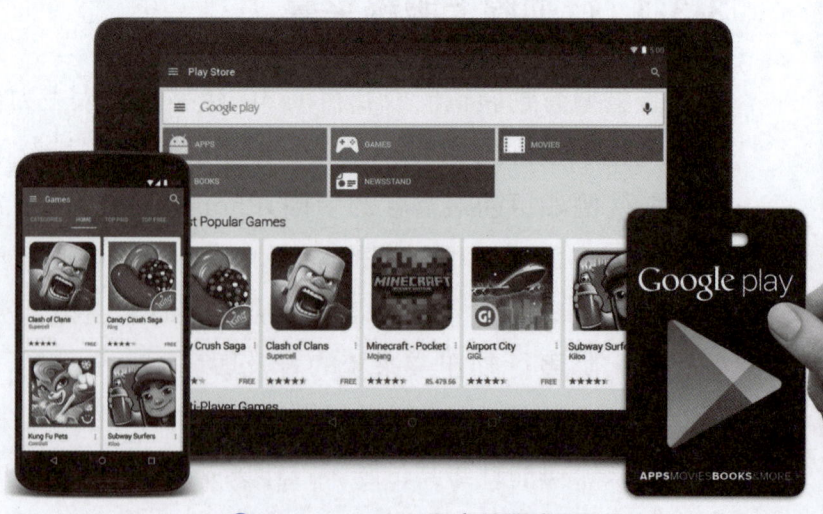

◖ Google Play 商店首頁畫面

66　人人必學網路行銷實務

3-3-2 定址服務（LBS）

「定址服務」（Location Based Service, LBS）或稱為「適地性服務」，就是行動行銷中相當成功對環境感知的一種創新應用，是指透過手持式設備的各式感知裝置，例如當消費者在到達某個商業區時，可以利用手機快速查詢所在位置周邊的商店、場所以及活動等即時資訊，對商家而言，LBS有著目標客群精準、行銷預算低廉和廣告效果即時的顯著優點，只要消費者的手機在指定時段內進入該商家所在的區域，就會立即收到相關的行銷簡訊，為商家創造額外的營收。

3-3-3 QR Code

QR Code（Quick Response Code）是在1994年由日本Denso-Wave公司發明，利用線條與方塊除了文字之外，還可以儲存圖片、記號等相關資訊。QR Code連結行銷相關的應用相當廣泛，可針對不同屬性活動搭配不同的連結內容，例如有些商店或餐廳也會利用在宣傳DM上置放QR碼，掃描後就會進入優惠券專區，在取得電子式的折價券後，消費時只要出示手機螢幕上的優惠券，就可享有特定的優惠。

QR Code的使用愈來愈普遍

3-3-4　App 行銷

行動裝置功能上已從通訊功能昇華為社交、娛樂、遊戲等更多層次的運用，品牌在手機上的行銷應用，也逐漸備受重視，與其不斷優化其網站在移動設備上的用戶體驗，不如推出公司的專屬 App，而且企業就等同於建立自己的媒體，隨時隨地都能推播品牌或產品訊息給客戶。

例如知名日本服飾品牌優衣庫（UNIQLO）曾推出過多款實用 App 與消費者互動，能讓世界各地的消費者在試穿時拍攝短片，再將短片上傳至活動官網，並能上傳臉書與朋友分享，將自己的作品上傳與全世界熱愛穿搭的消費者分享，吸引了更多消費者到實體門市購買。

◯ UNIQLO 的 App 行銷相當成功

◯ Steve Madden 女鞋的 App 有相當出色導購機制

68　人人必學網路行銷實務

3-4 行動支付

行動支付（Mobile Payment）就是指消費者透過手持式行動裝置對所消費的商品或服務進行帳務支付的一種方式，自從金管會宣布開放金融機構申請辦理手機信用卡業務開始，正式宣告引爆全臺「行動支付」的商機熱潮，對於行動支付解決方案，目前主要是以 QR Code、條碼支付與 NFC（近場通訊）三種方式為主。

3-4-1 QR Code 支付

QR Code 行動支付有別傳統支付應用，不但可應用於實體與網路特店等傳統型態通路，更可以開拓多元化的非傳統型態通路，優點則是免辦新卡，可以突破行動支付對手機廠牌的仰賴，不管 Android 或 iOS 都適用，還可設定多張信用卡，只要掃瞄支援廠商商品的 QR Code，就可以直接讓消費者以手機進行付款。

臺灣 Pay QR Code 共通支付，打造更完善行動支付環境

3-4-2 條碼支付

條碼支付近來在世界各地掀起一陣旋風，各位不需要額外申請手機信用卡，同時支援 Android 系統、iOS 系統，也不需額外申請 SIM 卡，免綁定電信業者，只要下載 App 後，以手機號碼或 Email 註冊，接著綁定手邊信用卡或是現金儲值，手機出示付款條碼給店員掃描，即可完成付款，條碼行動支付現在最廣泛被用在便利商店。

條碼放款讓你輕鬆拍安心付

3-4-3 NFC 行動支付

NFC 手機進行消費與支付已經是一個全球發展的趨勢，只要您的手機具備 NFC 傳輸功能，就能向電信公司申請 NFC 信用卡專屬的 SIM 卡，再將 NFC 行動信用卡下載於您的數位錢包中，購物時透過手機感應刷卡，輕輕一嗶，結帳快速又安全。目前 NFC 行動支付有兩套較為普遍的解決方案，分別是信任服務管理方案（Trusted Service Manager, TSM）與 Google 主導的 HCE（Host Card Emulation）解決方案。

> **Tips** 近場通訊（Near Field Communication, NFC）
>
> 近場通訊（Near Field Communication, NFC）是由 PHILIPS、NOKIA 與 SONY 共同研發的一種短距離非接觸式通訊技術，可在您的手機與其他 NFC 裝置之間傳輸資訊，例如手機、NFC 標籤或支付裝置，因此逐漸成為行動交易、行銷接收工具的最佳解決方案。

TSM 平臺的運作模式，主要是透過與所有行動支付的相關業者連線後，使用 TSM 必須更換特殊的 TSM-SIM 卡才能順利交易，經 TSM 系統及銀行驗證身分後，將信用卡資料傳輸至手機內 NFC 安全元件（Secure Element）中，便能以手機進行消費。HCE（Host Card Emulation，主機卡模擬）是 Google 於 2013 年底所推出的行動支付方案，優點是不限定電信門號，不用在手機加入任何特定的安全元件，因此無須行動網路業者介入，也不必更換專用 SIM 卡、一機可綁定多張卡片，僅需要有網路連上雲端，降低了一般使用者申辦的困難度。

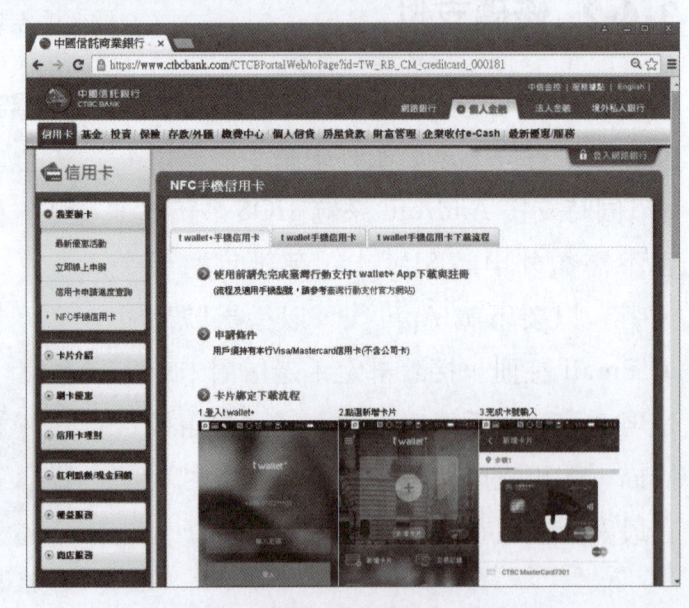

↑ 國內許多銀行推出 NFC 行動付款

3-5 LINE 行動行銷

隨著智慧型手機的普及，行動通訊軟體已經迅速取代傳統手機簡訊，在臺灣就有一千七百多萬的人口在使用 LINE 手機通訊軟體，很多人也已習慣利用智慧型手機上的 LINE App 和好友免費聯繫，或是利用群組來將志同道合的朋友結合在一起，甚至透過視訊和遠在外地的親朋好友通話。要在手機上下載 LINE 軟體也十分簡單，各位可以直接在 Google Play 或 App Store 中輸入 LINE 關鍵字即可下載或更新，相當簡單方便，如右上圖所示。

○ App Store 中下載或更新的畫面

由於在 LINE 中只要彼此是好友才可以開始互通訊息與通話，如果想打電話給對方，只要開啟對方的視窗，並按下右下角的電話圖示即可開始撥打。

○ LINE 打國際電話不但免費，音質也相當清晰

> **Tips　LINE 的表情貼圖**
>
> 活潑的表情貼圖是 LINE 的最大特色，LINE 軟體的免費貼圖，不但使用者喜愛，也早已成了企業的行銷工具，LINE 與廠商合作推出的貼圖行銷，的確可以讓企業利用貼圖短時間匯集大量粉絲，愈來愈多企業開始在 LINE 上面上架貼圖和建立粉絲專頁，下載的條件－加入好友就成為企業推廣帳號、產品及促銷的重要管道。

3-5-1　LINE@ 生活圈行銷

　　由於行動平臺會佔據人們更多的時間，其行銷的潛力絕對不容小覷，LINE 在臺灣就相當積極推動行動商務策略，LINE 公司推出最新的 LINE@ 生活圈，類似 FB 的粉絲團，一方面鼓勵商家開設官方帳號，另一方面自己也企圖將社群力轉化為行銷力，形成新的行動行銷平臺，聰明的店家應該用網路的力量增加行銷效果。

　　LINE@ 生活圈的使用並不複雜，它就像是 LINE 群組的加強版，LINE@ 生活圈有兩種不同帳號，「一般帳號」可以讓商家或個人申請，而「認證帳號」需經過官方審核認證才可以，僅開放給中小企業、公司行號、社團法人申請。請由手機的「Play 商店」搜尋「LINE @ 生活圈」，找到「LINE@App（LINEat）」程式並自行安裝即可。不過各位必須先完成與 LINE 連動的操作後，才能使用訊息管理後臺或專屬應用程式，所以務必在申請前，先透過手機上的 LINE，完成電子郵件帳號的綁定。

　　下載完成後，手機會看到歡迎的畫面，接著是簡單的 LINE@ 介紹畫面，讓你知道如何加入好友、1 對 1 聊天室、傳送訊息和上傳主頁投稿，按下「啟動 LINE@」按鈕即可啟動 LINE@。

手機歡迎畫面

按此鈕啟動 LINE@

72　人人必學網路行銷實務

在按下「啟動 LINE@」按鈕後,接著會看到如下兩個按鈕:選擇「開始使用 LINE」會與手機 LINE 連動,也就是使用手機使用者的 LINE 帳號密碼進行登入。如果你是使用他人手機或使用公司的 LINE 帳號密碼,那麼就請選擇「使用 LINE 帳號登入」進行登入。

> 開始使用 LINE
>
> 使用 LINE 帳號登入

輸入帳號密碼後會出現「認證」畫面,這時會要求存取個人資料與傳送訊息的必要資訊,請按下「同意」鈕離開。接著在「帳號資料」的畫面中輸入 LINE@ 帳號名稱,設定帳號的主要業種、次要業種,另外還必須上傳帳號顯示的圖片,才能按下「註冊」鈕進行註冊,這裡所設定的帳號名稱及帳號圖片都將公開至其他 LINE 用戶:

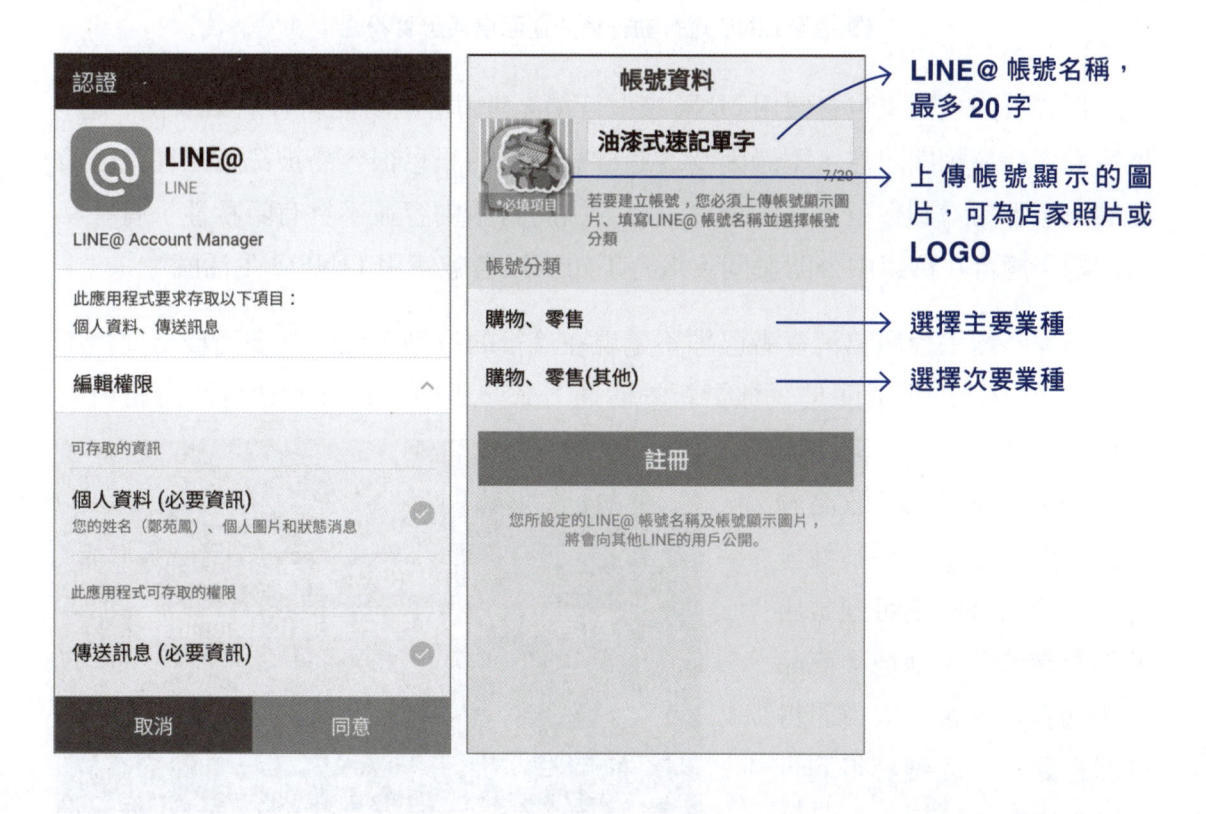

→ LINE@ 帳號名稱,最多 20 字

→ 上傳帳號顯示的圖片,可為店家照片或 LOGO

→ 選擇主要業種

→ 選擇次要業種

完成 LINE@ 一般帳號的申請手續後就會進入「管理」畫面，在帳號下方可看到一組由系統自動產生的 LINE@ ID，由於是系統隨機產生的 ID，所以較不容易記憶。如果想要擁有一組好記的專屬 ID，可以向自行 LINE 購買，另外帳號下方還會標註帳號狀態，目前申請的是「一般帳號」，若是顯示「承認」，表示該帳號是經過認證的帳號：

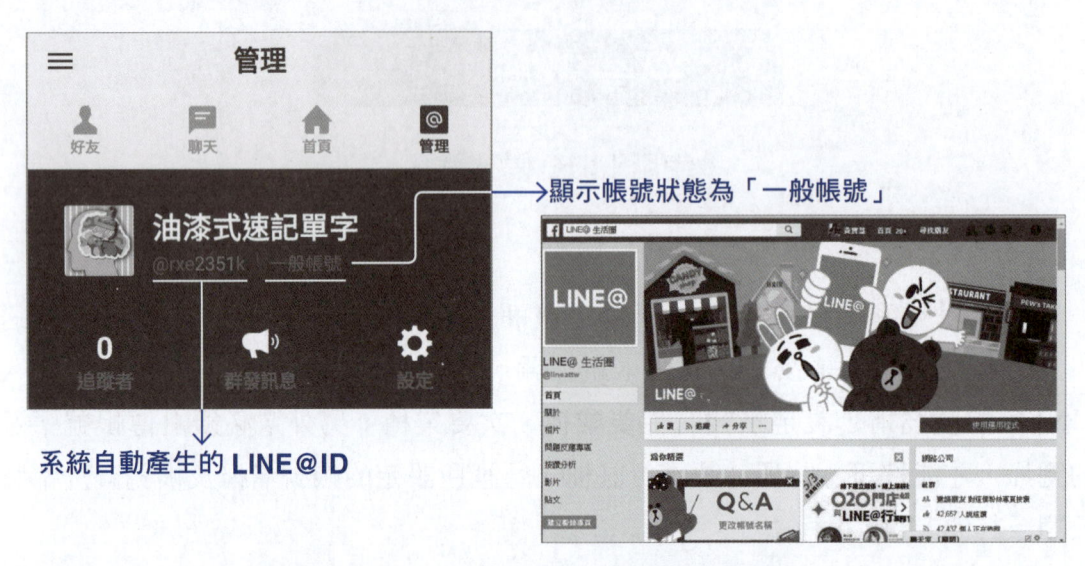

→顯示帳號狀態為「一般帳號」

系統自動產生的 LINE@ ID

◯ 透過 LINE 玩行動行銷，進而培養忠實粉絲

以往有許多商家也會使用 LINE 來做行銷，利用群組功能將客戶集聚在一起，然後發送商品相關訊息，不過因為透過群組發出的訊息很容易被洗版，往往讓後面的人不容易看到你所發送的優惠訊息，由於對話內容並不具有隱私性，有些私密問題不適合在群組中公開發問，這時不妨可以考慮使用 LINE@ 生活圈。

店家不斷丟資訊給消費者已經不是現在流行的行銷手法，許多消費者一樣不會買單，LINE@ 生活圈是一種全新的溝通方式，不但可以輕鬆傳送訊息給所有客戶，或者也可以 1 對 1 與客戶聊天，讓商家接收諮詢或訂單保有絕對的隱私性。此外，行動官網還可刊載店家的營業時間、地址、商品等相關資訊，讓這些資訊得以在網路上公開搜尋得到，增加商店曝光的機會。

◯ LINE@ 僅有店家管理時，才需要下載

3-5-2　LINE@ 手機 App 管理帳戶

當各位店家在註冊一般帳號並進入 LINE@ 手機管理介面後，可以看到「好友」、「聊天」、「首頁」和「管理」四個標籤。

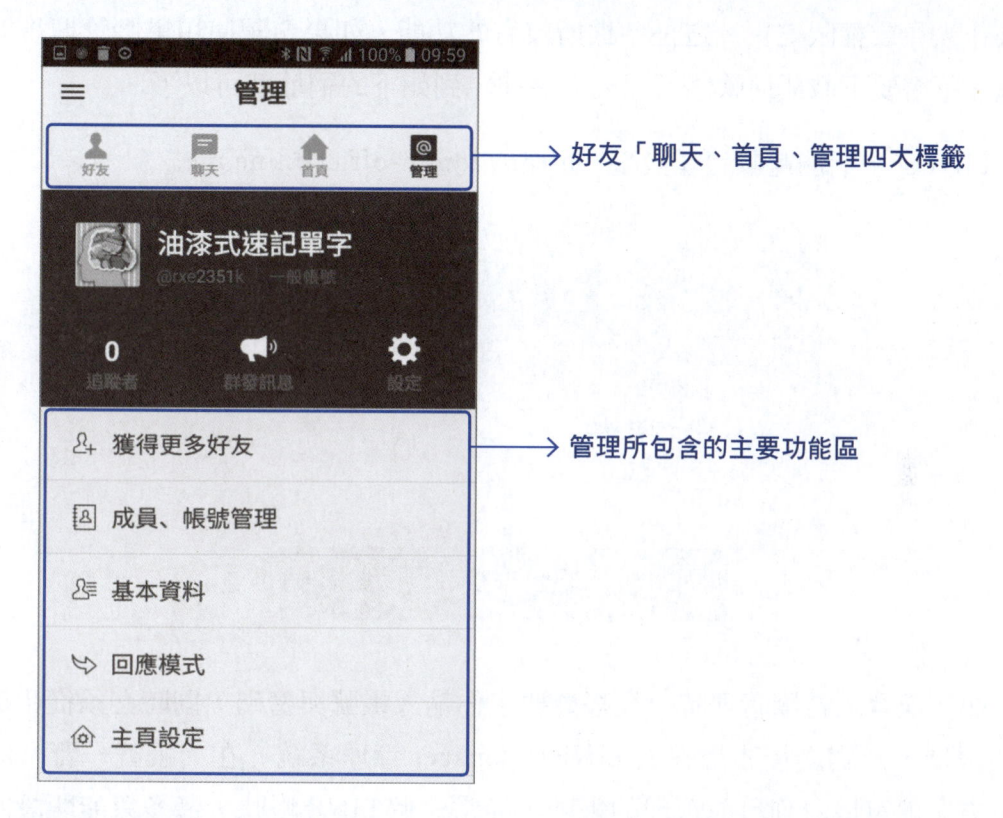

→ 好友「聊天、首頁、管理四大標籤

→ 管理所包含的主要功能區

▶ 「好友」標籤：可以透過分享行動條碼、分享 URL 或是利用名稱方式進行好友的搜尋。

▶ 「聊天」標籤：顯示聊天的紀錄。

▶ 「首頁」標籤：可察看帳號資訊，或是進行投稿，以便分享想資訊。

▶ 「管理」標籤：「追蹤者」顯示好友的數據資料，「群發訊息」用以透過手機傳送訊息給所有好友，也可進行訊息的編寫或預約訊息傳送的時間，另外會顯示每月訊息剩餘的額度。「設定」用來做個人資料、貼圖、聊天、好友等相關設定，對於常見的問題，這裡也有提供基本的說明。下方則是管理所包含的主要功能區，包括獲得更多好友、成員／帳號管理、主頁設定……等。

3-5-3 LINE@ 電腦管理後臺

除了使用手機管理 LINE@ 生活圈的帳號外，也可以使用 LINE@ 電腦管理後臺來管理帳號。LINE@ 電腦管理後臺可以做宣傳頁面、製作海報、調查頁面、新增操作人員或權限變更，這是手機所沒有的功能。如果希望使用電腦管理後臺，各位並不需要下載任何軟體，只要直接連結到如下的網址就可以了。

LINE@ 生活圈電腦管理後臺：http://admin-official.line.me

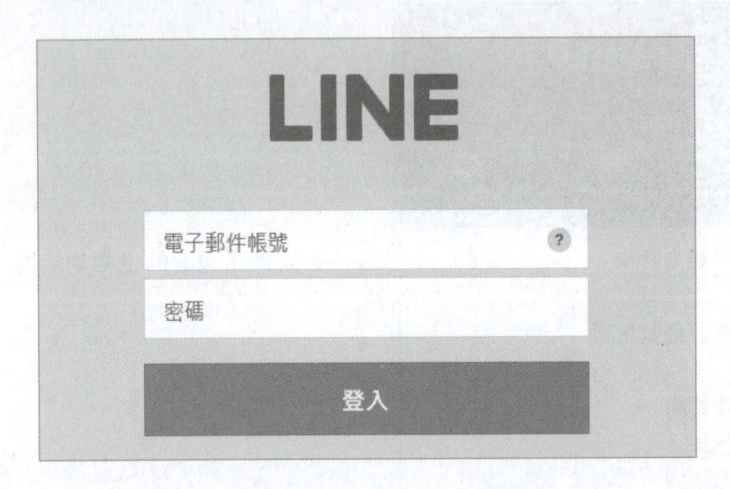

第一次登入電腦管理時，後臺會要求你輸入帳號與密碼，同時必須從手機輸入驗證碼，確認之後才會進入 LINE@Manager 管理系統。在「帳號一覽」的頁面下方，就可以看到目前管理的帳號，通常一個 LINE 帳號，最多只能開設四個 LINE@ 一般帳號。

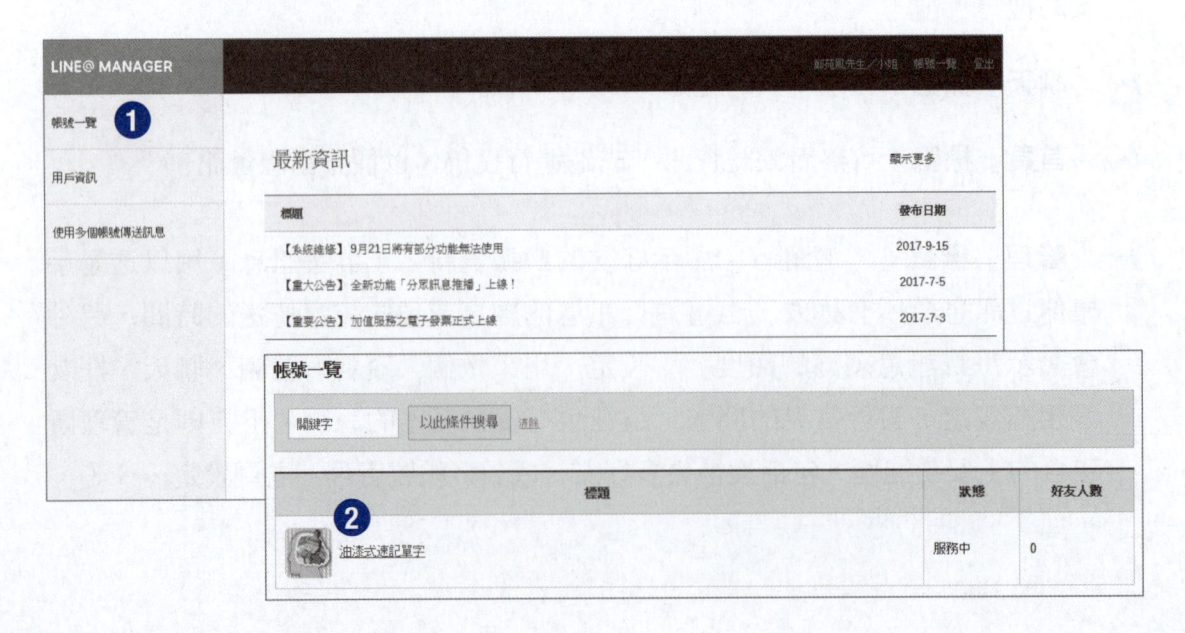

點選完要管理的帳號名稱，將會進入該 LINE@ 帳號，可以從如下的視窗中即可進行訊息的編寫、1 對 1 聊天、主頁設定……等各種設定。對於新手而言，視窗中有綠色的「新手指引」區塊，裡面貼心地列出五個項目，新手只要依序點選 1～4 項目，就會直接進入該項的設定畫面，只要遵照指示進行編輯，就能完成基本設定、主頁設定、用戶加入好友時的問候語等設定。

新手請個別點選 1～4 的項目，即可進行各項設定

3-5-4 設定帳號顯示圖片與狀態消息

請各位從「新手指引」選擇第 1 項「設定您的帳號顯示圖片和狀態消息吧」，就會進入「基本設定」的頁面，首先要確認帳號顯示圖片，因為它會顯示在好友名單及聊天頁面上，所以必須在加入好友前先行確認才行。

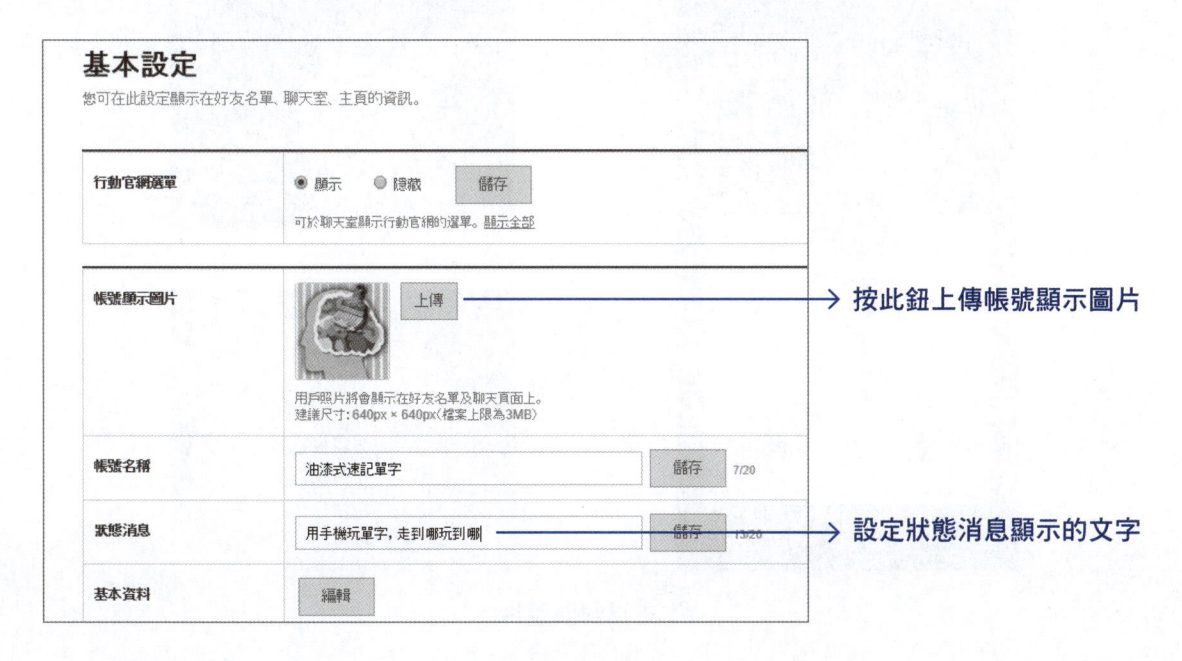

按此鈕上傳帳號顯示圖片

設定狀態消息顯示的文字

各位之前在註冊時已有事先上傳顯示的圖片，如果覺得效果不夠明顯，可在此重新上傳，其建議尺寸為 640×640 像素，檔案上限為 3 MB。

在好友列表中，通常在帳號名稱後方有時會出現一排比較小的文字，這排文字就是所謂的「狀態消息」，這裡設定的文字可以幫助商家被搜尋到，增加曝光的機會，善用它也可以增加好友的認同感。

狀態消息最多可以設定 20 個字，輸入文字後請按下「儲存」鈕儲存，一旦變更後，一小時內將不得再次變更。如果要從手機上做變更，可在「管理」標籤的「基本資料」功能區中進行修正。

3-5-5　設定主頁封面照片

當我們在 LINE 裡面點選某一帳號時，首先跳出的小畫面，或是按下「主頁」鈕所看到的畫面就是「主頁封面」。「主頁封面」照片關係到店家的品牌形象，假如不做設定，好友看到的只是一張藍灰色的底，這樣就無法凸顯出店家想表現的特色。所以在加入好友之前，一定要先設定好主頁封面照片，這樣才能吸引客戶的目光，提升品牌注意力。

主頁封面照片

至於在電腦後臺的「新手指引」中點選第 2 項「設定您的封面照片吧」，或是在視窗左側點選「主頁／主頁設定」，就能看到如下的「主頁設定」，貼圖大小建議為 1080×878 像素，圖片上傳後可做裁切的動作。請按下「上傳」鈕進行上傳，若需裁切範圍請自行按下「裁切範圍」鈕進行設定。另外視窗下方還有一些選項設定，像是變更相片時投稿至動態消息、留言功能設定、管理垃圾留言用戶等，設定完成別忘了在最下方按下「儲存」鈕，這樣主頁的設定才算完成。如右下圖所示，便是手機上所顯示的主頁封面照片：

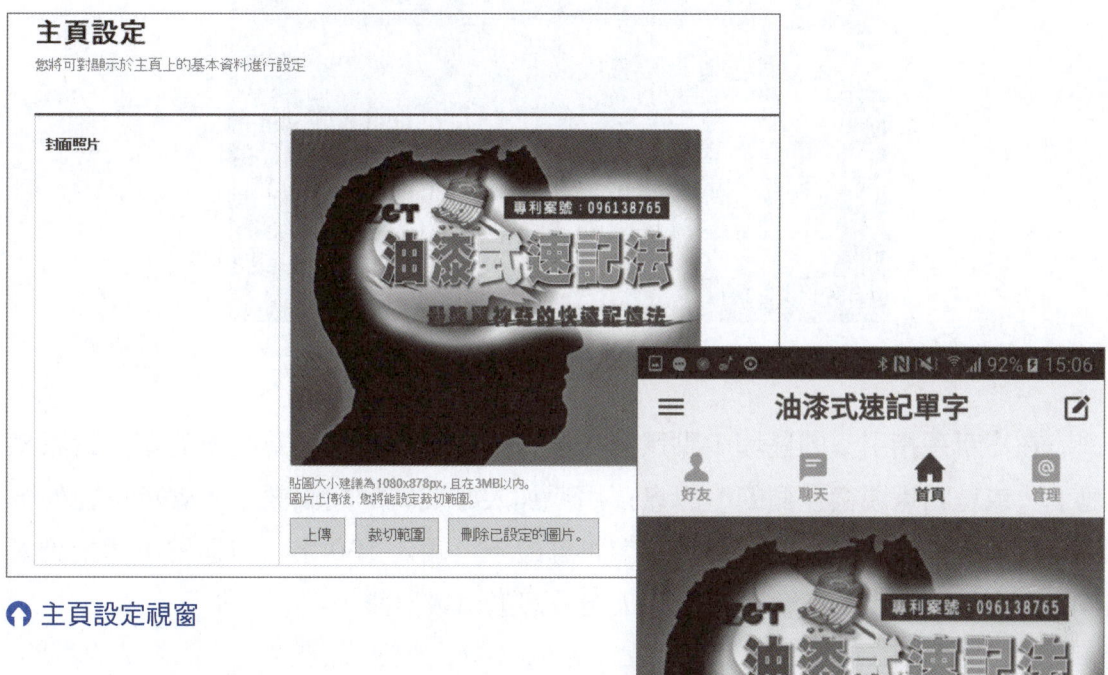

🔹 主頁設定視窗

🔹 手機上所顯示的主頁畫面

3-5-6 編寫好友歡迎訊息

在 LINE@ 生活圈裡，當顧客加入你的帳號時，就會跳出好友歡迎訊息，這是你和好友第一次的接觸，好的歡迎訊息可以拉近彼此的距離，降低被封鎖的機會。

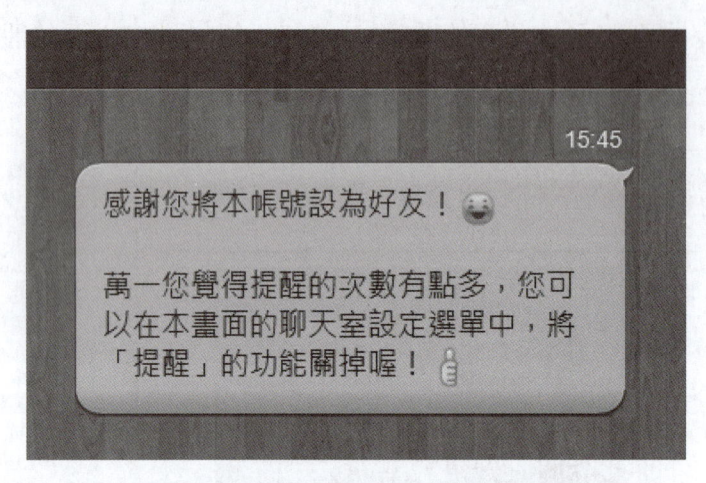

▲ LINE@ 生活圈預設的好友歡迎訊息

在「新手指引」的區塊中點選第 4 項「編輯對方將您設為好友的第一封訊息吧」，或是點選視窗左側的「訊息／用戶加入好友時的問候語」，就可以在如下視窗中進行問候語的文字編寫。文字訊息最多可輸入 500 字，但通常不建議設太多的文字，因為字太多會引起反感，讓人想退出或封鎖。

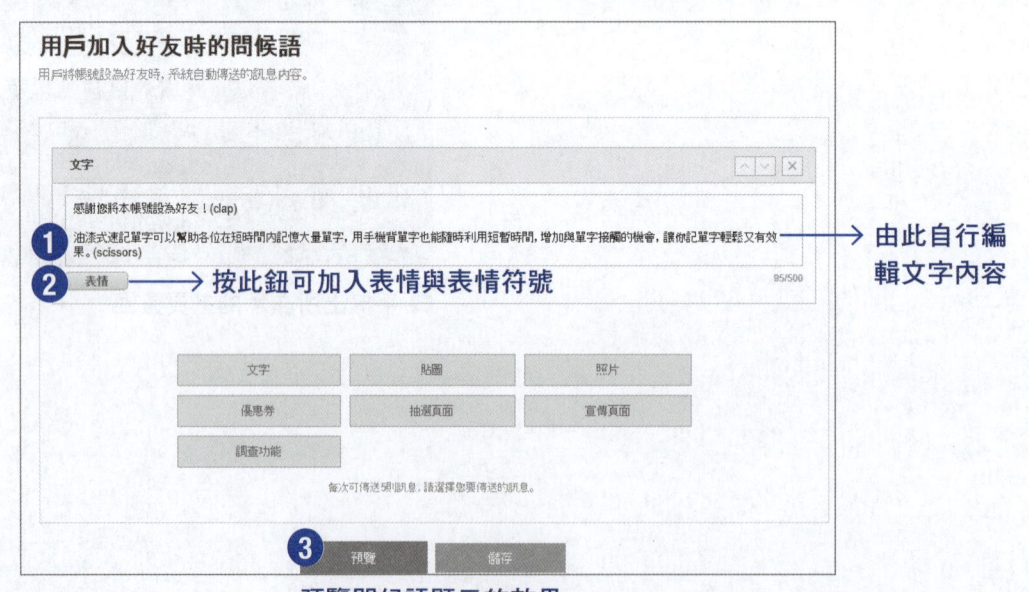

① → 由此自行編輯文字內容
② 表情 → 按此鈕可加入表情與表情符號
③ 預覽問候語顯示的效果

在文字訊息中能夠加入表情與表情符號，善用這些表情符號可以讓不容易表達的情緒或表情顯現出來，使歡迎詞變得活潑生動。按下「表情」鈕所提供的表請與符號大致如下：

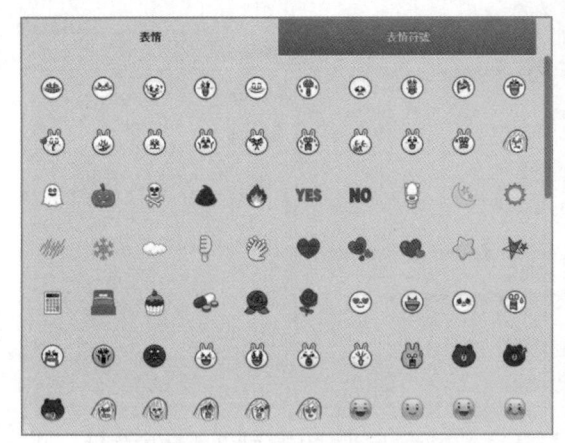

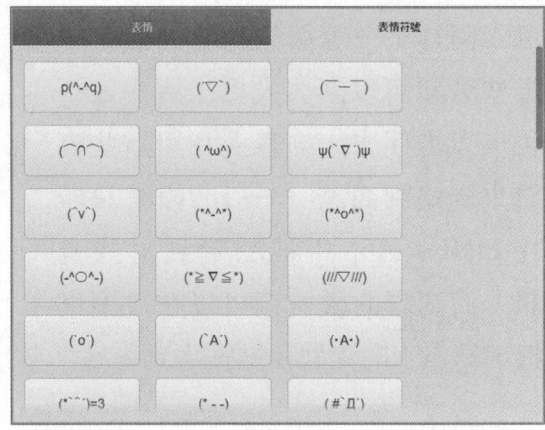

　　LINE@ 允許每次傳送 5 則的訊息，所以除了文字訊息的傳送外，也可以同時傳送貼圖、照片、優惠券、宣傳頁面……等。我們是同時設定「文字」和「貼圖」，那麼預覽時就會同時看到文字和貼圖的訊息了：

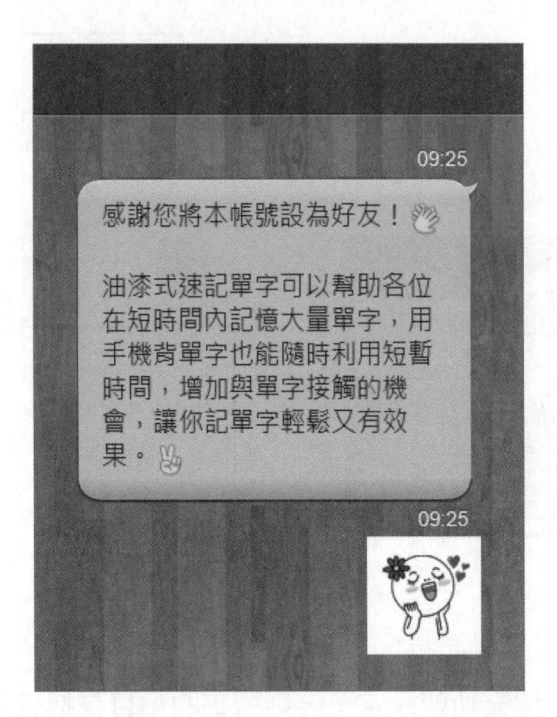

3-5-7　行動官網設定

　　行動官網設定則包含封面設計、位置資訊、營業資訊、服務項目、照片……等擴充功能的設定，這些資訊可以讓客人更了解商家，也可以方便未來的客人利用這些資訊來聯絡到商家。一般的帳號只能在 LINE@ App 中被瀏覽到這些資訊，而認證的帳號還可以在電腦桌機或筆電上的瀏覽器被搜尋到。

　　請由電腦管理後臺下方按下「行動官網」，就會自動切換到「封面設計」的頁面，這裡可以同時設定商標、封面圖案與按鍵色彩，請直接切換到各標籤進行設定。

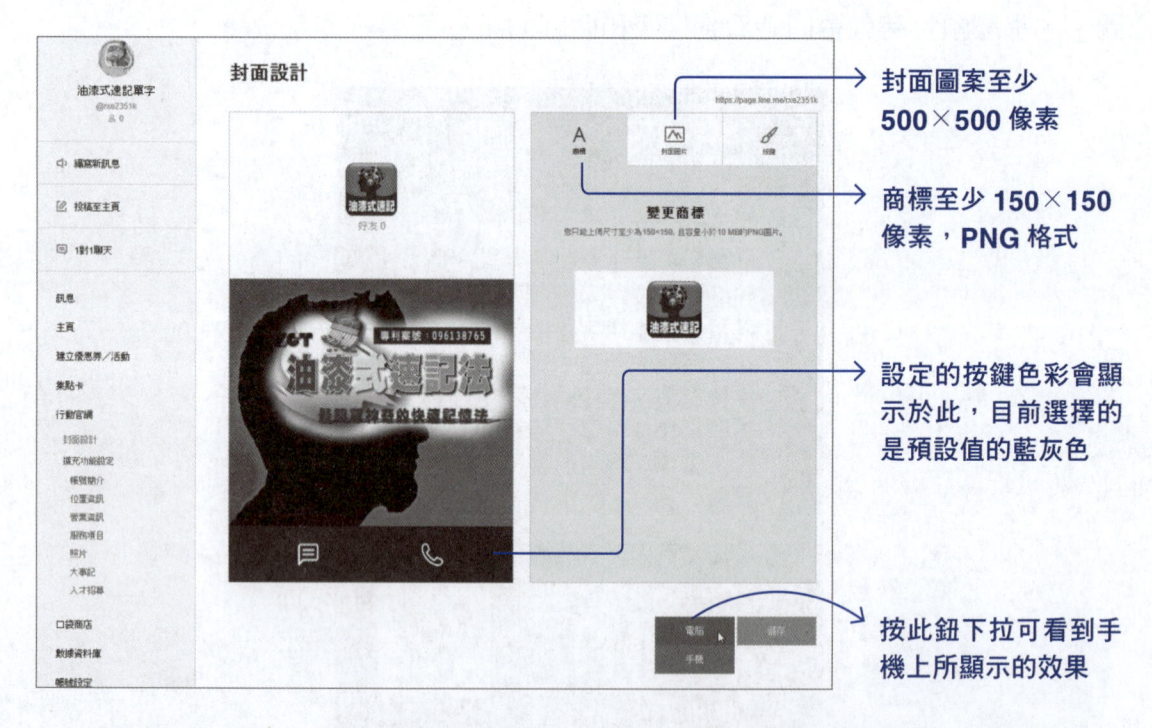

- 封面圖案至少 500×500 像素
- 商標至少 150×150 像素，PNG 格式
- 設定的按鍵色彩會顯示於此，目前選擇的是預設值的藍灰色
- 按此鈕下拉可看到手機上所顯示的效果

　　如果是切換到「擴充功能設定」，則設定的項目包括營業資訊、帳號簡介、優惠券、服務項目、位置資訊、大事記、人才招募、集點卡……等，請直接勾選項目，再按下「編輯」鈕進行編輯即可，設定完成記得按下「儲存」鈕儲存設定，免得辛苦設定結果化為烏有。

3-5-8　客戶加入 LINE@ 好友

當上述的要項都設定完成後，現在可以準備將客戶的資料加到 LINE@ 好友中，最常見加入好友的方式，包括搜尋 ID、透過電話號碼、掃描 QR Code 或搖一搖四種方式。以搜尋 ID 為例，店家可以透過各種宣傳文件讓潛在客戶知道你的 ID，當客戶從他的手機中以 ID 方式做搜尋，就可以找到你的資訊，客戶從手機按下「加入」鈕加入官方帳號，接著按下「同意」鈕確認內容，按下「聊天」鈕開始聊天時，就會看到店家所編寫的「好友歡迎訊息」，如右下圖所示。

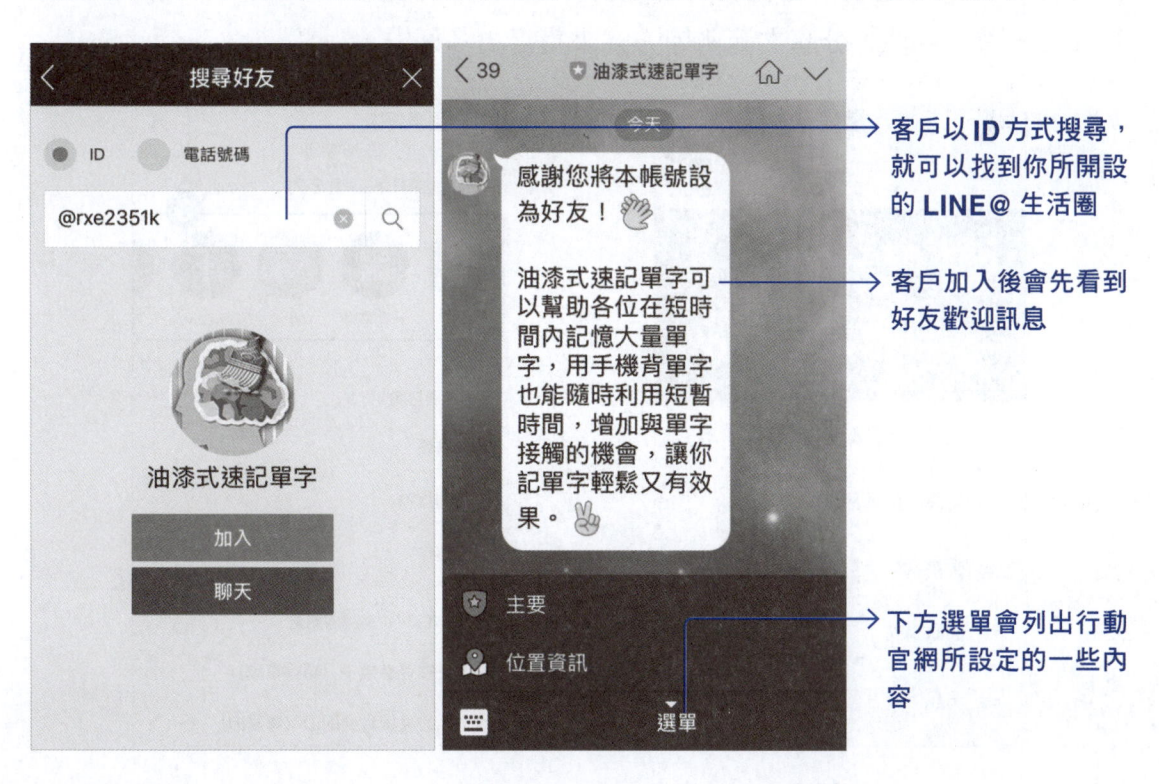

3-5-9 取得店家的行動條碼與「加入好友」按鍵

在電腦後臺的「基本設定」裡，各位可以看到「行動條碼」和「加入好友的按鍵」，你可以將裡面的 HTML 標籤剪貼並複製到你的部落格中，或是分享到社群網站上，這樣客戶可以取的你的行動條碼來加入 LINE@ 生活圈，或是直接按下「加入好友」鈕來加入。如下圖所示：

3-5-10 從 LINE@App 獲得更多好友

假如想從手機中取得更多好友，可在 LINE@App 的「管理」標籤中點選「獲得更多好友」的選項，這樣就可以選擇由 LINE、行動條碼、網址、Facebook、Twitter、電子郵件、分享文範例等方式來獲得更多好友。

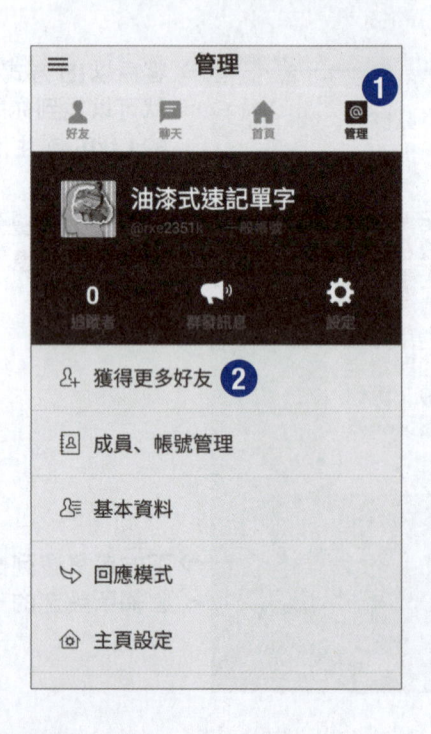

各位以 LINE 為例，按下 LINE 的圖示鈕，再由「好友」標籤中勾選要傳送的對象，按下「分享至動態消息」鈕就可傳送出去，而「行動條碼」可以將條碼圖片儲存後，分享到部落格、社群網站上。每個取得好友的方式都有說明，各位只要遵從指示進行設定，就可獲得更多好友了。

重點整理

1. 穿戴式裝置（Wearables）為行動裝置帶來多樣性的選擇，在倉儲、物流中心等商品運輸領域，早已可見穿戴式裝置協助倉儲作業。

2. 企業行動化（企業 M 化）成為全球專家和業者關注的焦點，從早期的 E 化（Electronic）到接下來的 I 化（Internet），一直到近來的企業 M 化（Mobile）已經是時代潮流演進的必然結果。

3. 「無線廣域網路」（WWAN），就是行動電話及數據服務所使用的行動通訊網路（Mobil Data Network），由電信業者所經營，其組成包含有行動電話、無線電、個人通訊服務（Personal Communication Service, PCS）、行動衛星通訊等。

4. LTE（Long Term Evolution, 長期演進技術）則是以現有的 GSM/UMTS 的無線通信技術為主來發展，能與 GSM 服務供應商的網路相容，最快的理論傳輸速度可達 170Mbps 以上，除了頻寬、速度與高移動性的優勢外，LTE 的網路結構也較為簡單。

5. 所謂「行動行銷」（Mobile Marketing），主要是指伴隨著手機和其他以無線通訊技術為基礎的行動終端發展，而逐漸成長起來的一種全新的行銷方式，也就是透過行動通訊網路來進行的商業交易行為。

6. Beacon 是種低功耗藍牙技術（Bluetooth Low Energy, BLE），藉由室內定位技術應用，具有主動推播行銷應用特性，比 GPS 有更精準的微定位功能。

7. 「定址服務」（Location Based Service, LBS）或稱為「適地性服務」，就是行動行銷中相當成功的環境感知的一種創新應用，就是指透過行動隨身設備的各式感知裝置，從而得知周遭物理環境所發生的變化。

8. QR Code（Quick Response Code）是在 1994 年由日本 Denso-Wave 公司發明，利用線條與方塊除了文字之外，還可以儲存圖片、記號等相關資訊。

9. 條碼支付只要下載 App 後，以手機號碼或 Email 註冊，接著綁定手邊信用卡或現金儲值，手機出示付款條碼掃描，即可完成付款，現在最廣泛被用在便利商店。

10. 目前 NFC 行動支付有兩套較為普遍的解決方案，分別是 TSM（Trusted Service Manager）信任服務管理方案與 Google 主導的 HCE（Host Card Emulation）解決方案。

11. NFC（Near Field Communication，近場通訊）是由 PHILIPS、NOKIA 與 SONY 共同研發的一種短距離非接觸式通訊技術，可在手機與其他 NFC 裝置之間傳輸資訊，逐漸成為行動交易、行銷接收工具的最佳解決方案。

12. HCE（Host Card Emulation，主機卡模擬）是 Google 於 2013 年底所推出的行動支付方案，優點是不限定電信門號，不用在手機加入任何特定的安全元件，因此無須行動網路業者介入，也不必更換專用 SIM 卡、一機可綁定多張卡片，僅需要有網路連上雲端，降低了一般使用者申辦的困難度。

13. LINE 公司推出最新的 LINE@ 生活圈，類似 FB 的粉絲團，一方面鼓勵商家開設官方帳號，另一方面自己也企圖將社群力轉化為行銷力，形成新的行動行銷平臺，聰明的店家應該用網路的力量增加行銷效果。

Chapter 03　Q&A 習題

一、選擇題

(　　) 1. 以下哪一種不屬於無線個人網路（WPAN）？
　　　　(A) 藍牙　(B) 紅外線　(C) GPRS　(D) Zigbee。

(　　) 2. 以下哪些是行動行銷特性？
　　　　(A) 隨處性　(B) 定位性　(C) 個人化　(D) 以上皆是。

(　　) 3. 所謂行動支付（Mobile Payment），就是指消費者通過手持式行動裝置對所消費的商品或服務進行帳務支付的一種方式，以下哪種不是行動支付？
　　　　(A) 條碼支付　(B) QR Code 支付　(C) NFC 支付　(D) 智慧卡支付。

(　　) 4. 以下哪一種是 LINE@ 電腦管理後台有，但是手機卻沒有的功能？
　　　　(A) 宣傳頁面　(B) 製作海報　(C) 調查頁面　(D) 以上皆是。

(　　) 5. 以下哪一種不是加入「LINE@ 生活圈」帳號的方法？
　　　　(A) 搜尋 ID　(B) 掃描 QR Code　(C) 搖一搖手機　(D) 輸入電話。

二、問答題

1. 試簡述企業行動化（企業 M 化）。

2. 請描述穿戴式裝置未來的發展重點。

3. 什麼是「無線廣域網路」（WWAN）？

4. 請簡介行動行銷（Mobile Marketing）。

5. 請簡介行動行銷的四種特性。

6. 試簡介無線個人網路（WPAN）。

7. 請說明 Beacon 的應用。

8. 什麼是「定址服務」（Location Based Service, LBS）？

9. App 是什麼？

10. 簡單說明 QR 碼（Quick Response Code）。

11. 何謂行動支付（Mobile Payment）？

12. 請問近場通訊（Near Field Communication, NFC）的功用為何？試簡述之。

13. 請簡介條碼支付。

14. 請簡介 LINE@ 生活圈的功能。

15. 請簡述如何加入「LINE@ 生活圈」帳號。

16. LINE@ 電腦管理後臺有哪些手機所沒有的功能？

04 常用網路行銷工具

　　網路技術的發展推動了寬頻流量的大幅增長，這些有利條件推動了網路行銷的產業規模，網路行銷一直都是中小企業的最佳行銷工具，不過網路行銷的工具與方法也有流行期，各種新的行銷工具及手法不斷出現，行銷人員肯定必須與時俱進的學習各種工具來符合行銷效益。因為資源運用組合方不同，本章中將會跟各位討論目前常用各種網路行銷工具：

- 內容行銷
- 原生廣告
- 飢餓行銷
- 網路廣告
- Widget 廣告
- 橫幅廣告與按鈕式廣告
- 病毒式行銷
- 話題行銷
- 聯盟行銷
- 網紅行銷
- 關鍵字行銷
- 搜尋引擎最佳化
- 微電影行銷

由於網路科技的不斷進步之下，網路新媒體愈來愈多元化，在網路無遠弗屆的特性下，全球行銷透過網路而能夠穿透疆界，接觸到傳統接觸不到的市場與買家。網路上的互動性是網路行銷最吸引人的因素，企業可以透過網路將產品與服務的資訊提供給顧客，也可以讓顧客參與產品或服務的規劃。愈來愈多的經營管理者及企業主把「網路行銷」視為企業發展的重點策略。

🔈 星巴克咖啡非常懂得利用各種最新網路行銷工具

　　一套好的網路行銷方式其實比想像中的還要複雜，就如同開店做生意一樣，絕對不會是租間店面就能開始賺錢，網路行銷方式必須著重理論與實務兼備，充分考量市場端、企業端及消費者端等三個面向的各自發展與互相影響。創新的網路行銷模式必須再重新抓住消費者目光，廣告預算著重於網路行銷上已經是必然的策略。

4-1 內容行銷

沒人愛聽大道理，一個觸動人心的故事，反而更具行銷感染力，網路行銷專家們總喜歡說：「內容為王」（Content is King），一篇好的行銷內容就像說一個好故事，成功之道就在於如何設定內容策略。在網路發展更加快速的此刻，內容行銷（Content Marketing）已經成為目前最受企業重視的網路行銷策略之一，也是讓品牌更能深入人心的關鍵因素。

在資訊爆炸的時代，廣告和資訊過多，內容行銷是一門與顧客溝通但不做任何銷售的藝術，就在於如何設定內容策略，可以既不直接宣傳產品，不但能達到吸引目標讀者，最後使消費者採取購買行動的行銷技巧，形式可以包括文章、圖片、影片、網站、型錄、電子郵件等，比起文字與圖片，特別是以影片內容最為有效可以吸引人點閱。內容行銷必須更加關注顧客的需求，因為創造的內容還是為了某種行銷目的，目的在長期與顧客保持聯繫，避免直接明示產品，銷售意圖絕對要小心藏好，創造引人注目的內容是在網路行銷上能夠領先的關鍵。

🔊 紅牛（Red Bull）長期經營與運動相關的品牌內容力

◎ 原生廣告

原生廣告（Native Advertising）是近年來受到許多討論的熱門廣告形式，沒有特定的形式，而是一種概念，不再守傳統的橫幅式廣告，會根據不同網路平臺而改變呈現方式的廣告手法，主要呈現方式為圖片與文字描述，也算是內容行銷的一種形式，就是一種讓大眾自然而然閱讀下去，不容易發現自己在閱讀廣告的行銷模式。換句話說，那些你一眼就能看出是廣告的廣告，最大的特色是可以將廣告與網頁內容無縫結合，讓瀏覽者不容易發現自己正在看的其實是一則廣告，能自然地勾起消費者興趣。

▶ 原生廣告為好吃宅配網產品開出業績長紅

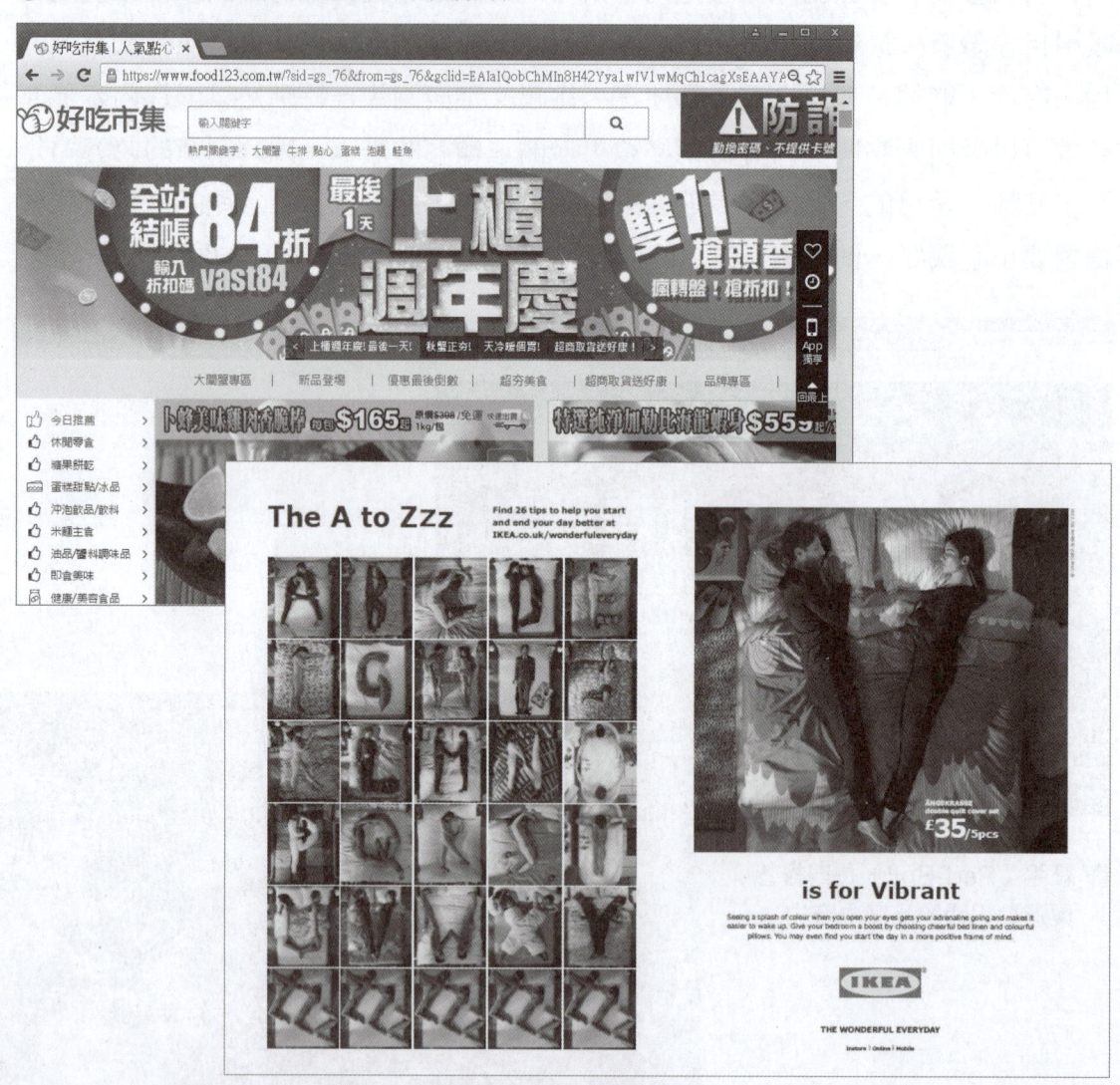

◯ IKEA 2015 年解決睡眠問題的原生廣告

4-2 飢餓行銷

「我也不知道為什麼？」許多產品的爆紅是一場意外，例如前幾年在超商銷售的日本「雷神」巧克力，吸引許多消費者瘋狂搶購，竟然連臺灣人到日本玩，也會把貨架上的雷神全部掃光，一時之間，成為最紅的飢餓行銷話題。

🔊 雷神巧克力是運用飢餓行銷的經典範例

「稀少訴求」（Scarcity Appeal）在行銷中是經常被使用的技巧，飢餓行銷（Hunger Marketing）是以「賣完為止、僅限預購」來創造行銷話題，製造產品一上市就買不到的現象，促進消費者購買該產品的動力，讓消費者覺得數量有限而不買可惜。

各位可能無法想像大陸熱銷的小米機也是靠飢餓行銷，特別是小米將其用到了極致，能保證小米較高的曝光率，新品剛推出就賣了數千萬台，就是利用「缺貨」與「搶購熱潮」瞬間炒熱話題。在小米機推出時的限量供貨被秒殺開始，刻意在上市初期控制數量，維持米粉的飢渴度，造成民眾瘋狂排隊搶購熱潮，促進消費者追求該產品的動力，直到新聞話題炒起來後，就開始正常供貨。

🔊 小米手機利用飢餓行銷製造話題，在華人地區大賣

4-3 網路廣告

販售商品最重要的是能大量吸引顧客的目光，廣告便是其中的一個選擇，也可以說是指企業以一對多的方式，利用付費的媒體，將特定訊息傳送給特定目標視聽眾的活動。傳統廣告主要利用傳單、廣播、報章雜誌、大型看板及電視的方式傳播，網路廣告就是在網路平臺上做的廣告，與一般傳統廣告的方式並不相同。

🔹 企業網站本身就是一種網路廣告

經常有許多人會有「網路廣告」就等於「網路行銷」的刻板印象，其實千萬不要以為「網路行銷」只是單純的投遞廣告，而是一個從上到下透過網路媒體傳遞訊息的策略與方法。至於網路廣告則是一種透過網際網路傳播消費訊息給消費者的傳播模式，運用專業的廣告橫幅、超連結、多媒體技術，在 Web 上刊登或發佈廣告。基本上，商品本身只要架構網站就是一種網路廣告的手段，其次就是在其他商業網站上付費刊登。

網站廣告的優點不外乎廣告效果不錯，投放廣告更具機動性，可以發揮的空間非常大，它可以整合了電視、收音機、平面廣告、傳統廣告等功能。隨著科技與創意的進步，愈來愈多的網路廣告跟我們生活息息相關，科技愈來愈發達，廣告模式也更五花八門，以下介紹目前 Web 上常見的網路廣告類型。

> **Tips**
>
> **Widget 廣告**
>
> Widget 廣告是一種桌面的小工具，可以在電腦或手機桌面上獨立執行，由於 Widget 廣告必須由網友主動下載，顯示消費者認同企業服務，不僅能一直讓品牌呈現在消費者的眼前，還可以隨時用文字、影片送上最新訊息，可查詢氣象、電影、新聞、消費等生活資訊，已經成為許多人日常生活中的好伙伴，從開機就放在電腦或手機螢幕的桌面上。

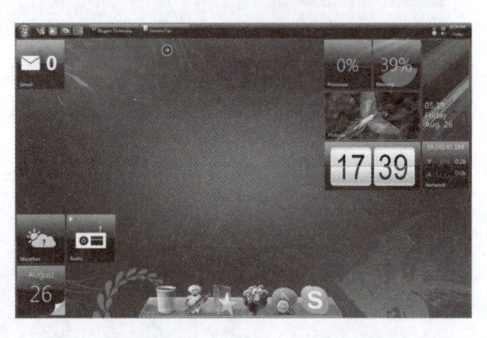

橫幅廣告與按鈕式廣告

　　橫幅廣告是最常見的收費廣告，自 1994 年推出以來就廣獲採用至今，在所有與品牌推廣有關的網路行銷手段中，橫幅廣告的作用最為直接，主要利用在網頁上的固定位置，至於橫幅廣告活動要能成功，全賴廣告素材的品質。橫幅廣告相對來說面積小，因此沒有多少能展示的空間，提供廣告主利用文字、圖形或動畫來進行宣傳，通常都會再加入連結以引導使用者至廣告主的宣傳網頁。當消費者點選此橫幅廣告（Banner Ad）時，瀏覽器呈現的內容就會連結到另一個網站中，能夠提升品牌意識並加強購買意願，藉由連結將流量導入目標網站，如此就達到了廣告的效果。

橫幅廣告費用較低廉

按鈕式廣告（Ad Button）是一種小面積的廣告形式，可放在網頁任何地方，並連結廣告主的網站。因為面積小，收費較低，較符合無法花費大筆預算的廣告主，更好利用網頁中比較小面積的零散空位，有些廣告主購買連續位置的幾個按鈕式廣告，以加強宣傳效果，常見的有 JPEG、GIF、Flash 三種檔案格式。

◎ 按鈕式廣告費用較低廉

> **Tips** 彈出式廣告（Pop-Up Ads）
>
> 彈出式廣告（Pop-Up Ads）或稱為插播式（Interstitial）廣告，當網友點選連結進入網頁時，會彈跳出另一個子視窗來播放廣告訊息，強迫使用者接受，並連結到廣告主網站。這種廣告往往會打斷消費者的瀏覽行為，容易產生反感，且因過度泛濫，多數瀏覽器已有阻止彈出式視窗的功能，妨止這類型廣告的出現。

4-4 病毒式行銷

病毒式行銷（Viral Marketing）主要的方式倒不是設計電腦病毒造成主機癱瘓，而是利用一個真實事件，以「奇文共欣賞」的模式分享給周遭朋友，是一種原則上不需要成本的成長模式。病毒行銷最明顯的特徵也就是人傳人，讓訊息能夠藉由「口碑行銷」（Word-of-mouth Marketing），並且一傳十、十傳百快速地像病毒一般散播給更多的潛在消費者。有關這些精心設計的商業訊息，最實際的例子就是電子郵件行銷（Email Marketing）。

電子郵件行銷是將含有商品資訊的廣告內容，以電子郵件的方式寄給不特定的使用者，除擁有成本低廉的優點外，更大的好處其實是能夠發揮「病毒式行銷」的威力，創造互動分享（口碑）的價值。電子報行銷（Email Direct Marketing）也是一個主動出擊的網路廣告戰術，多半是由使用者訂閱，再經由信件或網頁的方式來呈現行銷訴求，而成效則取決於電子報的設計和內容規劃。

遊戲電子報是對玩家維繫與行銷的很有效工具

> **Tips 話題行銷（Buzz Marketing）**
>
> 話題行銷（Buzz Marketing）或稱蜂鳴行銷，和口碑行銷類似，企業或品牌利用最少的方法主動進行宣傳，在討論區引爆話題，造成人與人之間的口耳相傳，如蜜蜂在耳邊嗡嗡作響的 buzz，然後再吸引媒體與消費者熱烈討論。

4-5 聯盟行銷

聯盟行銷（Affiliate Marketing）是一種讓網友與商家形成聯盟關係的新興網路行銷模式，廠商與聯盟會員利用聯盟行銷平臺建立合作夥伴關係，不但可以幫助廠商賣出更多的商品；讓沒有產品的推廣者也能輕鬆幫忙銷售商品。當聯盟會員加入廣告主推廣行銷商品平臺時，會取得一組授權碼用來協助企業銷售，然後開始在部落格或各種網路平臺推銷產品，做法包括網站交換連結、交換廣告及數家結盟行銷的方式，共同促銷商品，消費者透過該授權碼的連結成交，順利達成商品銷售後，聯盟會員就會獲取佣金利潤。會員在做聯盟行銷時不需要進貨，甚至連後面的發貨都不需要處理，透過系統還能即時掌握銷售成效，藉此為自身網站帶來大量的流量以及營業額，為數以萬計的網站增加了額外收入，當有人購買它就能到不少收益，每天 24 小時全年無休，並且成為網路 SOHO 族的主要生存方式之一。

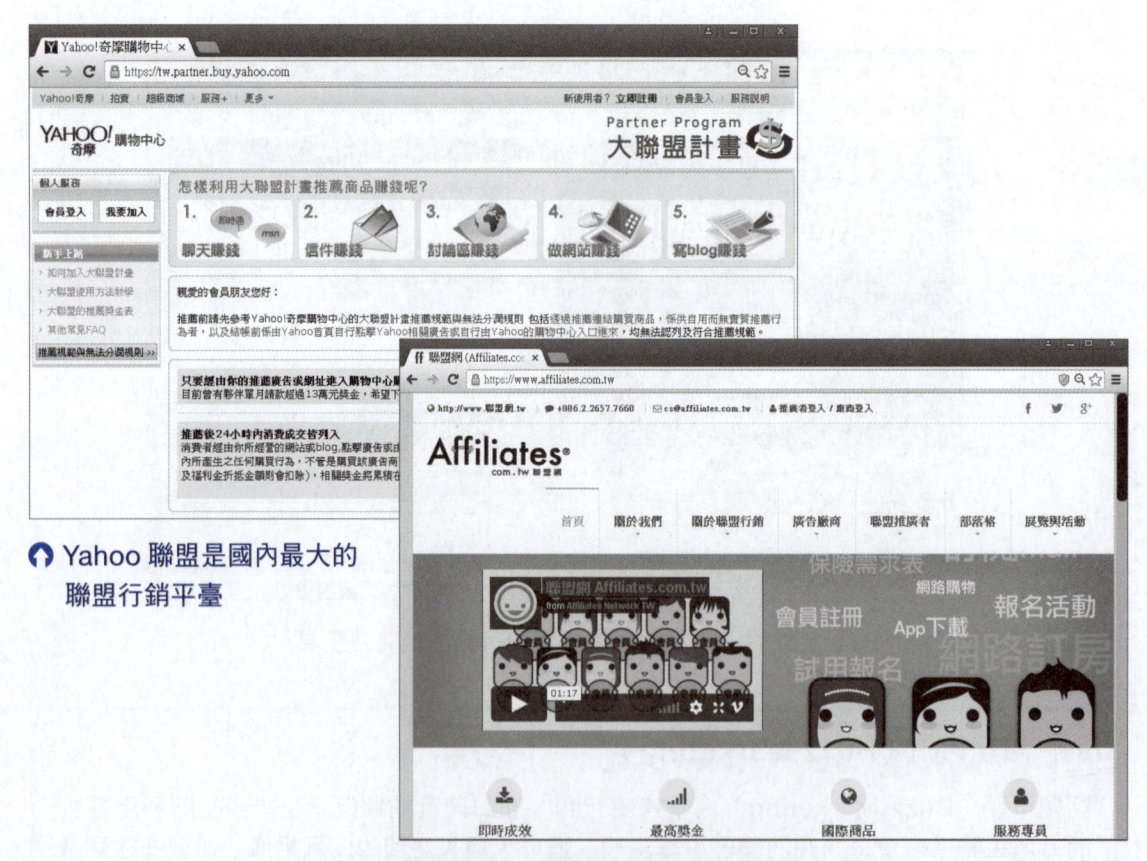

◯ Yahoo 聯盟是國內最大的聯盟行銷平臺

◯ 臺灣第一個國際化聯盟行銷平臺

4-6 網紅行銷

　　網紅旋風最早是在中國市場上產生了快速成長的經濟產值,這股由粉絲效應所衍生的現象,起源於社群行銷,透過互動連結起來的經濟體,能夠迅速將個人魅力做為行銷訴求,利用自身優勢快速提升行銷有效性。這種現象與行動網路的高速發展和普及密不可分,許多品牌選擇借助社群媒體上的網紅來達到口碑行銷的效果,使得網紅成為人們生活中的流行指標,充分展現了網路文化的蓬勃發展。網紅通常在網路上擁有大量粉絲群,網紅展現方式較有人情味,如同和朋友閒聊般的感覺,這些人能夠幫助品牌將產品訊息廣泛地傳遞出去,加上了與眾不同的獨特風格,很容易讓粉絲就產生共鳴,進而達到行銷的效果。網紅行銷的興起對品牌來說是個絕佳的機會點,因為社群持續分眾化,現在的人是依照興趣或喜好而聚集,所關心或想看內容也會不同,網紅就代表著這些分眾社群的意見領袖,反而容易讓品牌迅速曝光,並找到精準的目標族群。

▲ 張大奕是大陸最知名的網紅代表人物,代言身價直追范冰冰

4-7 關鍵字行銷

各位做搜尋引擎行銷，最重要的概念就是「關鍵字」，關鍵字（Keyword）就是與各位網站內容相關的重要名詞或片語，也就是在搜尋引擎上所搜尋的一組字，例如：企業名稱、網址、商品名稱、專門技術、活動名稱等。由於許多網站流量的重要來源有一部分是來自於搜尋引擎的關鍵字搜尋，因為每一個關鍵字的背後可能都代表一個購買的動機，所以這個方式對於有廣告預算的業者無疑是種不錯的行銷工具。

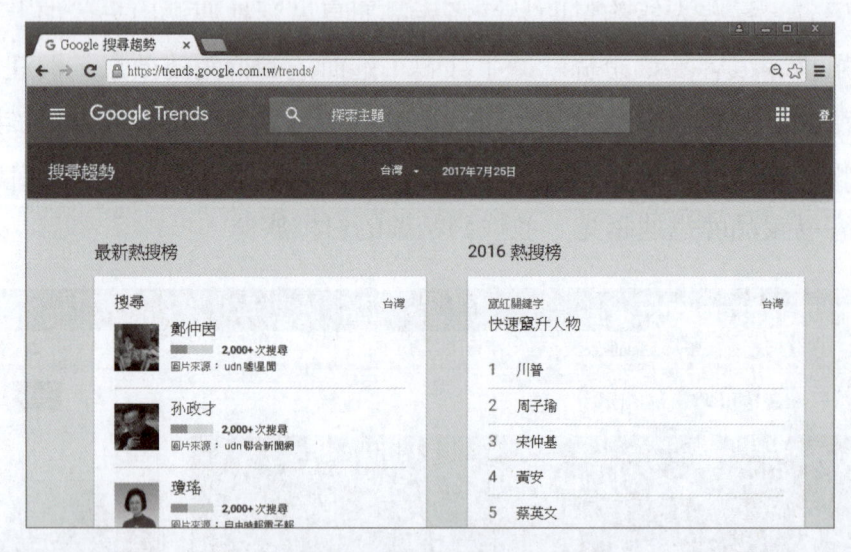

△ Google Trends 可以知道特定關鍵字在某段時間搜尋變化

◉ 關鍵字廣告

關鍵字廣告（Keyword Advertisements）是許多商家網路行銷的入門選擇之一，它的功用可以讓店家的行銷資訊在搜尋關鍵字時，會將店家所設定的廣告內容曝光在搜尋結果最顯著的位置，讓各位以最簡單直接的方式，接觸到搜尋該關鍵字的網友所而產生的商機。

> **Tips** 目標關鍵字（Target Keyword）
>
> 目標關鍵字（Target Keyword）就是網站確定的主打關鍵字，也就是網站上目標使用者搜索量相對最大與最熱門的關鍵字，會為網站帶來大多數的流量，並在搜尋引擎中獲得排名的關鍵字。

購買關鍵字廣告因為成本較低效益也高，而成為網路行銷手法中不可或缺的一環，就以國內最熱門的入口網站 Yahoo! 奇摩關鍵字廣告為例，當使用者查詢某關鍵字時，會出現廣告業主所設定出現的廣告內容，在頁面中包含該關鍵字的網頁都將以搜尋結果被搜尋出來，這時各位的網站或廣告會出現在搜尋結果顯著的位置，增加網友主動連上該廣告網站，間接提高商品成交機會。一般關鍵字廣告的計費方式是在廣告被點選時才需要付費（Pay Per Click, PPC），能夠第一時間精準的接觸目標潛在客戶群，廣告預算還可隨時調整，適合大小不同的宣傳活動。當然選用關鍵字的原則除了挑選高曝光量的關鍵字之外，選對關鍵字當然是非常重要的一件事情，唯有找出代表潛在顧客的關鍵字，才能間接找出這些潛在顧客。

在此輸入關鍵字

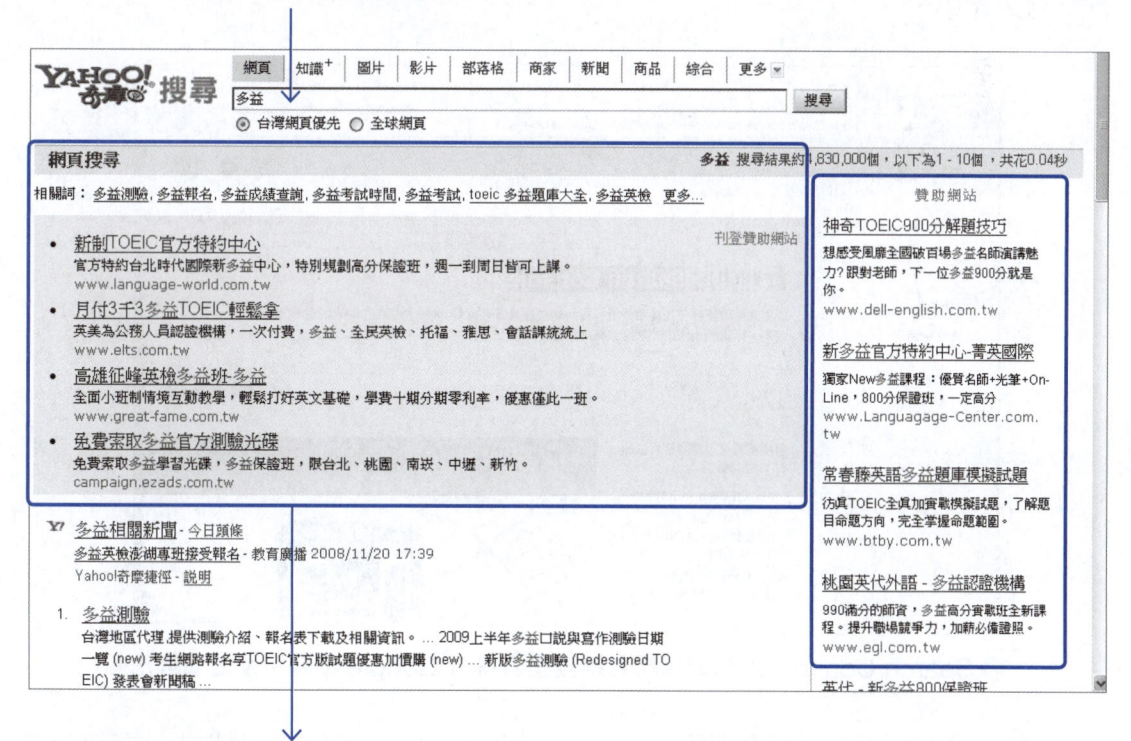

購買關鍵字廣告的客戶網站
會出現在較顯著位置

🔼 關鍵字行銷

4-8 搜尋引擎最佳化

網站流量一直是網路行銷中相當重視的指標之一，而其中一種能夠相當有效增加流量的方法就是搜尋引擎最佳化（Search Engine Optimization, SEO），搜尋引擎最佳化（SEO）也稱作搜尋引擎優化，是近年來相當熱門的網路行銷方式，就是一種讓網站在搜尋引擎中取得 SERP 排名優先方式，終極目標就是要讓網站的 SERP 排名能夠到達第一。

> **Tips SERP**
> SERP（Search Engine Results Page, SERP）是使用關鍵字，經搜尋引擎根據內部網頁資料庫查詢後，所呈現給使用者的自然搜尋結果的清單頁面，SERP 的排名是愈前面愈好。

↑ Search Console 工具能幫網頁檢查是否符合 Google 搜尋引擎的演算法

網路上知名的三大搜尋引擎 Google、Yahoo、Bing，每一個搜尋引擎都有各自的演算法（Algorithm）與不同功能，通常使用者能夠藉由搜尋引擎的功能，輕易的找到所要的資訊。對於網路行銷來說，SEO 主要是分析搜尋引擎的運作方式與其演算法（Algorithms）規則，透過網站內容規劃進行調整和優化，來提高網站在有關搜尋引擎內排名的方式，排名愈高能見度就愈提升，也代表愈有機會獲得較高的轉換率進而提升網站的訪客人數，可以合法增加網站流量和與自然點閱率（Click Through Rate, CTR），甚至於提升轉換率增加訪客參與。例如當各

位在 Yahoo、Google 等搜尋引擎中輸入關鍵字後，由於大多數消費者只會注意搜尋引擎最前面幾個（2～3頁）搜尋結果，經過 SEO 的網頁可以在搜尋引擎中獲得較佳的名次，曝光度也就越大，被網友點選的機率必然大增。

> **Tips**　點閱率（Click Through Rate, CTR）
>
> 點閱率或稱為點擊率，是指在廣告曝光的期間內有多少人看到廣告後決定按下的人數百分比，也就是指廣告獲得的點擊次數除以曝光次數的點閱百分比，可作為一種衡量網頁熱門程度的指標。

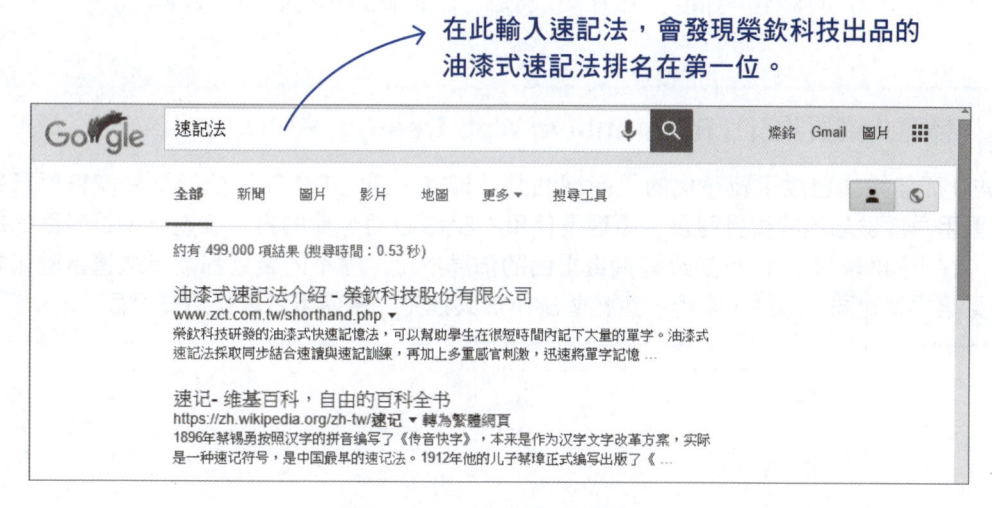

在此輸入速記法，會發現榮欽科技出品的油漆式速記法排名在第一位。

↑ SEO 優化後的搜尋排名

掌握 SEO 優化，說穿了就是運用一系列方法讓搜尋引擎更了解你的網站內容，這些方法包括常用關鍵字、網站頁面內（on-page）優化、頁面外（off-page）優化、相關連結優化、圖片優化、網站結構等。

> **Tips**　資料螢光筆（Data Highlighter）
>
> 資料螢光筆（Data Highlighter）是一種 Google 網站管理員工具，讓您以點選方式進行操作，只需透過滑鼠就可以讓資料螢光筆標記網站上的重要資料欄位（如標題、描述、文章、活動等），當 Google 下次檢索網站時，就能以更為顯目與結構化模式呈現在搜尋結果及其他產品中，對改善 SERP 也會有相當幫助。
>
> **麵包屑導覽列（Breadcrumb Trail）**
>
> 麵包屑導覽列（Breadcrumb Trail），也稱為導覽路徑，是一種基本的橫向文字連結組合，透過層級連結來帶領訪客更進一步瀏覽網站的方式，對於提高用戶體驗來說，是相當有幫助。

在行動裝置興盛的情況下，其中有關行動裝置友善度，更是優化的重點，Google 也特別在 2015 年 4 月 21 日宣布修改搜尋引擎演算法，針對網頁是否有針對行動裝置優化看做一項重要的指標，2016 年 11 月時宣布了行動裝置優先索引，明白表示未來搜尋結果在行動裝置與桌機會有不同的結果，以確保行動搜尋的用戶獲得精準的搜尋結果。所以網站提高手機上網的友善介面，將會是未來網站 SEO 優化作業的一大重點。因此特別針對行動裝置的響應式網頁設計（Responsive Web Design, RWD）就顯得特別重要，能在網站主流競爭下取得較好的關鍵字排名位置的關鍵因素，因為當行動用戶進入你的網站時，必須能讓用戶順利瀏覽、增加停留時間，也方便的使用任何跨平臺裝置瀏覽網頁。

> **Tips 響應式網頁設計（Responsive Web Design, RWD）**
> RWD 開發技術已成了新一代的電商網站設計趨勢，因為 RWD 被公認為是能夠對行動裝置用戶提供最佳的視覺體驗，原理是使用 CSS3 以百分比的方式來進行網頁畫面的設計，在不同解析度下能自動改變網頁頁面的佈局排版，讓不同裝置都能以最適合閱讀的網頁格式瀏覽同一網站，不用一直忙著縮小放大拖曳，給使用者最佳瀏覽畫面。

4-9 微電影行銷

「微電影」（Micro Film）又稱為「微型電影」，它是在一個較短時間且較低預算內，把故事情節或角色／場景，以視訊方式傳達其理念或品牌，適合在短暫的休閒時刻或移動的情況下觀賞。尤其近幾年智慧型手機與平板電腦的普及，再加上 YouTube 影音社群網站受到網友們的熱愛，影片能突破文字、語言和文化的隔閡，很多網路行銷人員都看中微電影的低成本與網友分享效應，讓微電影行銷儼然成為目前最夯的行銷方式。

由於現代是一個講求效率的時代，影音短片大多也是短小精幹，通常廣告宣傳的影片多為 30 秒到 60 秒的長度，紀錄片或微電影則為 4-10 鐘的長度，可以方便網友「轉寄」或「分享」給社群中的其他朋友，也可以利用連結網址的方式吸引網友的關注、點閱。

想要在影音短片中快速且輕鬆抓住觀眾的心，影片開頭或預設畫面就要具有吸引力。隨著影音技術的加強，影片的品質不可太差，同時要能在影片中營造出臨場感與真實性，能夠從觀眾的角度來感同身受，這樣才能吸引觀眾的目光，在短時間裡衝出高點閱率，進而創造新聞話題或造成轟動。

香港旅遊局非常重視微電影行銷

製作影片既然容易引起觀賞者的目光，那麼影片內容的規劃就顯得重要，既要符合商業利益又能達到宣傳的效果。各位不妨利用簡短影片來介紹商品特色或售後服務，讓潛在的客戶能夠更深入了解，支持或購買商品，進而提升客戶的滿意度。也可以將舉辦的商品活動影片、商品製作過程、研修影片、使用技巧或新聞上傳到社群網站，除了活絡商品與社群粉絲的關係，也可以大幅削減客戶對產品的疑問，減少重複問題的詢問機會。另外，影片除了在網路上作宣傳外，實體店面中也可以同步以影片進行宣傳，讓影片的效應極大化。

◉ 微電影 DIY

想要透過自製的影片來行銷商品，那麼對影片製作的流程就要有所了解。這裡簡要說明微電影的製作過程。

❖ 規劃期

首先確立影片的主題，因為主題是一個影片的靈魂中心，必須明確表達某一目標或中心思想，進而延展拍攝的內容或故事，然後規劃出腳本／劇本，這樣才能有效地訴求主題，不讓觀賞者分散注意力。而分鏡腳本的目的是做為工作人員之間的溝通，以確保微電影在開拍時或完成時的一致性。分鏡腳本必須要條理分明，儘可能列出同場景可拍攝的鏡頭與角度，這樣在拍攝時可以更加省時省力。如果有贊助的廠商，劇本必須與贊助商進行溝通，確定雙方意見一致後才能定稿開拍。

分鏡表通常會包含場景編號、場景畫面、聲音/字幕說明，可用簡單線條繪出場景，或是以文字說明皆可

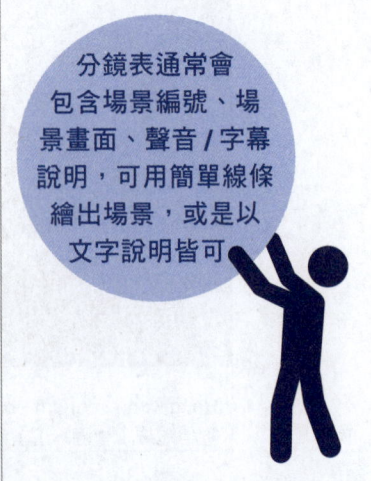

❖ 拍攝期

影片的拍攝基本上是採群體合作的方式，導演是全片的發想者或掌控者，而攝影師則是使用手機或攝影機進行拍攝的人。攝影師會依據規劃的腳本來進行特寫、中景、遠景、仰景、俯景等各種角度的拍攝，以方便後製人員的剪輯。還有燈光師，主要控制場景的燈光效果或作補光處理。依照劇情或腳本選定演員後，演員最好能先試鏡，以便選擇較符合氣質的演員。演員確定後，選定日期及拍攝場地，即可依照先前規劃的腳本和分鏡表進行影片的拍攝。

❖ 後製作

當影片片段都拍攝好後，接下來就是影片剪接師進行影片的初剪、精剪、配音、配樂、特效、片頭／片尾、字幕等處理。

影片剪輯串接需要有視訊剪輯軟體，最簡單就是使用電腦上的 MovieMaker 程式，這套程式是免費程式，只有一個軌道，特效少，聲音較難配上去，所以筆者比較建議使用會聲會影 Video Studio 或威力導演 PowerDirector 程式軟體介面簡單易上手，功能強大，可以輕鬆讓剪輯的視訊呈現專業水準。

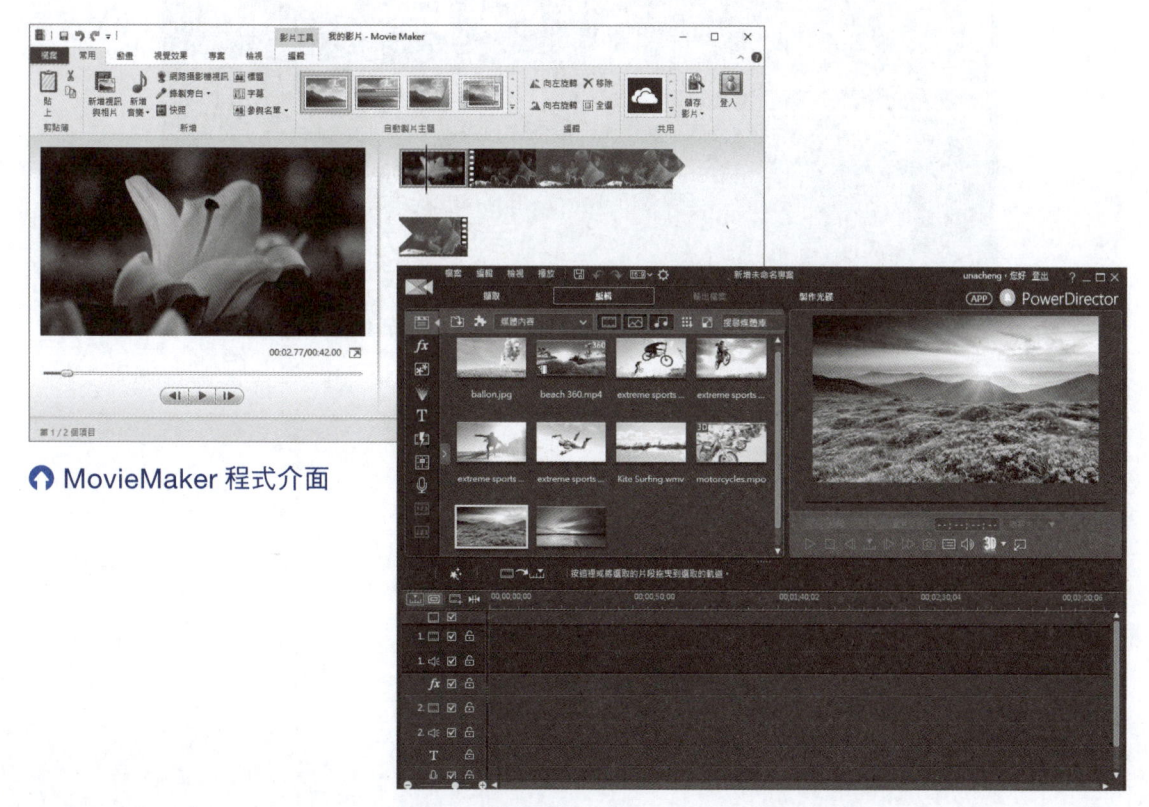

◎ MovieMaker 程式介面

◎ 威力導演程式介面

以會聲會影為例，介面下方有提供「腳本檢視」模式，可以快速將影片／相片串接在一起，適合用來粗剪影片的順序。切換到「時間檢視」模式，則可進行多重軌道的編排，針對每段的影片片段可進行修剪，刪除多餘的部分。介面右側提供各種媒體的加入，也可以加入各種特效、影片標題或各類型的物件，編排的結果皆可在左側的預視窗中進行觀看。想要背景音樂當陪襯也不是問題，軟體裡面有提供各種的音樂可以選擇，要錄製旁白說明也只要接上麥克風進行錄製即可。原則上使用者只要按照介面上方的「擷取」、「編輯」、「輸出」等步驟進行，就可完成影片的製作。

影片輸出的格式相當多種，目前最廣泛使用的格式是 .mp4，此種格式可以透過 Mac 的 QuickTime Player、iTunes 以及 Windows 的 Windows Media Player 來播放，如果不曉得影片該設定成何種格式最為恰當時，那麼就選用 .mp4 的格式。

↑ 會聲會影程式介面

重點整理

1. 一篇好的行銷內容就像說一個好故事,成功之道就在於如何設定內容策略。內容行銷(Content Marketing)已經成為目前最受企業重視的網路行銷策略之一,也是讓品牌更能深入人心關鍵因素。

2. 原生廣告(Native Advertising)沒有特定的形式,而是一種概念,不再守著傳統的橫幅式廣告,會根據不同網路平臺而改變呈現方式的廣告手法,主要呈現方式為圖片與文字描述,也算是內容行銷的一種形式。

3. 稀少訴求(Scarcity Appeal)在行銷中是經常被使用的技巧,飢餓行銷(Hunger Marketing)是以「賣完為止、僅限預購」來創造行銷話題,製造產品一上市就買不到的現象,促進消費者購買該產品的動力,讓消費者覺得數量有限而不買可惜。

4. 網站廣告的優點不外乎廣告效果不錯,投放廣告更具機動性,可以發揮的空間非常的大,它可以整合了電視、收音機、平面廣告、傳統廣告等功能。

5. Widget 廣告是一種桌面的小工具,可以在電腦或手機桌面上獨立執行,由於 Widget 廣告必須由網友主動下載,顯示消費者認同企業服務,不僅能一直讓品牌呈現在消費者的眼前,還可以隨時用文字、影片送上最新訊息,可查詢氣象、電影、新聞、消費等生活資訊,已經成為許多人日常生活中的好伙伴,從開機就放在電腦或手機螢幕的桌面上。

6. 橫幅廣告的作用最為直接,主要利用在網頁上的固定位置,至於橫幅廣告活動要能成功,全賴廣告素材的品質。

7. 按鈕式廣告(Ad Button)是一種小面積的廣告形式,可放在網頁任何地方,並連結廣告主的網站。因為面積小,收費較低,較符合無法花費大筆預算的廣告主。

8. 彈出式廣告(Pop-Up Ads)或稱為插播式(Interstitial)廣告,當網友點選連結進入網頁時,會彈跳出另一個子視窗來播放廣告訊息,強迫使用者接受,並連結到廣告主網站。這種廣告往往會打斷消費者的瀏覽行為,容易產生反感,且因過度泛濫,多數瀏覽器已有阻止彈出式視窗的功能,妨止這類型廣告的出現。

9. 病毒式行銷（Viral Marketing）主要的方式倒不是設計電腦病毒讓造成主機癱瘓，而是利用一個真實事件，以「奇文共欣賞」的模式分享給周遭朋友，是一種原則上不需要成本的成長模式。

10. 電子郵件行銷是將含有商品資訊的廣告內容，以電子郵件的方式寄給不特定的使用者，除擁有成本低廉的優點外，更大的好處其實是能夠發揮「病毒式行銷」的威力，創造互動分享（口碑）的價值。

11. 電子報行銷（Email Direct Marketing）是一個主動出擊的網路廣告戰術，多半是由使用者訂閱，再經由信件或網頁的方式來呈現行銷訴求，而成效則取決於電子報的設計和內容規劃。

12. 話題行銷（Buzz Marketing）或稱蜂鳴行銷，和口碑行銷類似，企業或品牌利用最少的方法主動進行宣傳，在討論區引爆話題，造成人與人之間的口耳相傳，如蜜蜂在耳邊嗡嗡作響的 buzz，然後再吸引媒體與銷非者熱烈討論。

13. 聯盟行銷（Affiliate Marketing）是一種讓網友與商家形成聯盟關係的新興網路行銷模式，廠商與聯盟會員利用聯盟行銷平臺建立合作伙伴關係，幫助廠商賣出更多的商品；讓沒有產品的推廣者也能輕鬆幫忙銷售商品。

14. 網紅旋風最早是在中國市場上產生了快速成長的經濟產值，這股由粉絲效應所衍生的現象，起源於社群行銷，透過互動連結起來的經濟體，能夠迅速將個人魅力做為行銷訴求，利用自身優勢快速提升行銷有效性。

15. 目標關鍵字（Target Keyword）就是網站確定的主打關鍵字，也就是網站上目標使用者搜索量相對最大與最熱門的關鍵字，會為網站帶來大多數的流量，並在搜尋引擎中獲得排名的關鍵字。

16. 關鍵字廣告（Keyword Advertisements）是許多商家網路行銷的入門選擇之一，它的功用可以讓店家的行銷資訊在搜尋關鍵字時，會將店家所設定的廣告內容曝光在搜尋結果最顯著的位置，以最簡單直接的方式，接觸到搜尋該關鍵字的網友所而產生的商機。

17. 搜尋引擎最佳化（SEO）也稱作搜尋引擎優化，是近年來相當熱門的網路行銷方式，就是一種讓網站在搜尋引擎中取得 SERP 排名優先方式，終極目標就是要讓網站的 SERP 排名能夠到達第一。

18. SERP（Search Engine Results Page, SERP）是使用關鍵字，經搜尋引擎根據內部網頁資料庫查詢後，所呈現給使用者的自然搜尋結果的清單頁面，SERP 的排名是愈前面愈好。

19. 點閱率（Click Through Rate, CTR）或稱為點擊率，是指在廣告曝光的期間內有多少人看到廣告後決定按下的人數百分比，也就是指廣告獲得的點擊次數除以曝光次數的點閱百分比，可作為一種衡量網頁熱門程度的指標。

20. 「微電影」（Micro Film）又稱為「微型電影」，它是在一個較短時間且較低預算內，把故事情節或角色／場景，以視訊方式傳達其理念或品牌，適合在短暫的休閒時刻或移動的情況下觀賞。

24. 影片輸出的格式相當多種，目前最廣泛使用的格式是 .mp4，此種格式可以透過 Mac 的 QuickTime Player、iTunes 及 Windows 的 Windows Media Player 來播放。

Chapter 04　Q&A 習題

一、選擇題

(　　) 1. 以下哪一種是小面積的廣告形式，可放在網頁任何地方，因為面積小，收費較低，較符合無法花費大筆預算的廣告主？
(A) 橫幅廣告（Banner）　　　　(B) 按鈕式廣告（Button）
(C) 彈出式廣告（pop-up ads）　(D) widget 廣告。

(　　) 2. 搜尋引擎對你的網站有好的評價，就會提高網站在 SERP 內的排名，以下哪一種沒有 SEO 的功用？
(A) 網站頁面內（on-page）優化　(B) 頁面外（off-page）優化
(C) 相關連結優化　　　　　　　(D) 圖片放大。

(　　) 3. 以下哪一種是 Google 網站管理員工具，讓您以點選方式進行操作，只需透過滑鼠就可以標記網站上的重要資料欄位？
(A) 麵包屑導覽列　(B) 資料螢光筆　(C) Search Console　(D) GA。

(　　) 4. 企業或品牌利用最少的方法主動進行宣傳，在討論區引爆話題，造成人與人之間的口耳相傳，稱為
(A) 蜂鳴行銷　(B) 聯盟行銷　(C) 關鍵字行銷　(D) 內容行銷。

(　　) 5. 雷神巧克力是運用哪種行銷方式而爆紅？
(A) 口碑行銷　(B) 飢餓行銷　(C) 關鍵字行銷　(D) 內容行銷。

二、問答題

1. 請簡介內容行銷（Content Marketing）。

2. 請簡介原生廣告（Native Advertising）。

3. 請簡介飢餓行銷（Hunger Marketing）。

4. Widget 廣告是什麼？

5. 請簡介「病毒式行銷」（Viral Marketing）。

6. 彈出式廣告（Pop-Up Ads）是什麼？

7. 請簡介電子報行銷（Email Direct Marketing）。

8. 請說明聯盟行銷（Affiliate Marketing）的作法是什麼？

9. 網紅行銷到底是什麼？

10. 關鍵字行銷的作法為何？

11. 目標關鍵字（Target Keyword）是什麼？

12. 什麼是搜尋引擎最佳化（Search Engine Optimization, SEO）？

13. 什麼是 SERP（Search Engine Results Page, SERP）？

14. 點閱率（Click Through Rate, CTR）是什麼？

15. 試簡介「微電影」。

16. 試說明目前微電影與觀眾溝通的方式有哪兩種？

05 網路行銷發展與未來趨勢

　　隨著網際網路盛行與行動上網普及，在數位化的今天，網路行銷改變了傳統的傳播模式，讓電子商務產業的發展更是注入強心針，現代企業的發展取決於能不能掌握行銷趨勢，網路行銷這股「新眼球經濟」所締造的市場行銷效應，也將促使網路行銷這個行業正跨大腳步往前邁進，而且改變人們長久以來的消費與企業行銷型態。社群已經成為 21 世紀的主流媒體，透過社群力量，能夠讓大家在共同平臺上，彼此快速溝通與交流，將想要行銷品牌的最好面向展現在粉絲面前。本章中將會跟各位討論網路行銷發展現況與社群行銷相關的未來趨勢：

- 零售 4.0 時代的 O2O 模式
- O2O 的應用
- 寶可夢的 AR 抓寶行銷
- 虛擬實境（VRML）與電商的應用
- 大數據行銷
- 社群行銷
- 社群行銷的定義
- 我的臉書行銷實務
- 網路行銷的分析神器─Google Analytics

隨著臺灣的網路通訊基礎建設日趨成熟，寬頻網路、無線網路的連線上網人口已經突破 1,500 萬人，正所謂「人群在哪裡，錢潮就在哪裡」。在數位經濟時代，由於現代消費者的喜好變動太快，從國際品牌到個人創業者，網路行銷不僅僅是一股行銷浪潮，選擇的通路也變得很多，行銷變成是一個必須提前預測變化的挑戰。隨著科技的不斷進步，未來的消費者變得愈來愈沒有耐心，要求也愈來愈高，現代企業的發展取決於能不能掌握創新趨勢，不斷為消費者創造更便利的行銷體驗，接下來我們將討論網路行銷的未來發展與各種創新趨勢。

↑ 網路行銷為電子商務的成長帶來加速的動能

5-1 零售 4.0 時代的 O2O 模式

數位化浪潮改變了顧客行為與消費方式，也徹底顛覆零售業的發展，零售產業的競爭已經出現結構性的轉變，透過手機消費的人也愈來愈多，由於行動支付將是發展 O2O 虛實整合的關鍵，特別是臺灣在通過第三方支付專法，吸引電信商、銀行業、網路業者紛紛搶進產業鏈，手機作為電子錢包已是必然趨勢，O2O 模式也是未來網路行銷發展的重要環節。

↑ eztable 的 O2O 行銷非常成功

> **Tips** 第三方支付（Third-Party Payment）
>
> 第三方支付機制，就是在交易過程中，除了買賣雙方外由具有實力及公信力的「第三方」設立公開平臺，做為銀行、商家及消費者間的服務管道代收與代付金流，就可稱為第三方支付。第三方支付機制建立了一個中立的支付平臺，為買賣雙方提供款項的代收代付服務。

119

零售 4.0 時代來臨，正朝向行動裝置等多元銷售和服務通路，為了兼顧實體通路與虛擬通路，開始出現整合的需求。O2O 模式就是整合「線上」（Online）與「線下」（Offline）兩種不同平臺所進行的一種行銷模式，也就是將網路上的購買或行銷活動帶到實體店面的模式。隨著線上線下的融合發展，O2O 模式將是邁向「全通路」（Omni-Channel）的重要一步，消費者可以直接在網路上付費，而在實體商店中享受服務或取得商品，全方位滿足顧客需求。近年來發展迅速的 EzTable 線上訂位，只要經由網路事先比較搜尋餐廳資訊，然後直接下單訂位，再到實體的餐廳接受服務，就是典型的 O2O 消費模式。

> **Tips**
>
> 零售 4.0 時代是在「社群」與「行動載具」的迅速發展下，朝向行動裝置等多元銷售、支付和服務通路，消費者掌握了主導權，再無時空或地域國界限制，從虛實整合到朝向全通路（Omni-Channel），迎接以消費者為主導的無縫零售時代。
>
> 全通路則是利用各種通路為顧客提供交易平臺，以消費者為中心 24 小時營運模式，並且消除各個通路間的壁壘，包括在實體和數位商店之間的無縫轉換，去真正滿足消費者的需要，不管是透過線上或線下都能達到最佳的消費體驗。

對消費者而言，透過 O2O 的消費平臺，不但可以快速了解完整產品的訊息外，如果有喜歡的產品，也可以立即下單進行預購，因為 O2O 的好處在於訂單於線上產生，每筆交易可追蹤，也更容易溝通及維護與用戶的關係。不過真正要把 O2O 模式落實，可不像進行一般網路行銷那麼容易，要如何抓住消費者的注意力脫穎而出，則需做到虛實整合才能達到消費者對品牌印象加分的境界。

↑ 博客來的「網路下單・超商取貨」是 O2O 虛實整合的成功範例

5-2 寶可夢的 AR 抓寶行銷

以皮卡丘為遊戲主角的寶可夢（Pokemon Go）大概是近期行銷界最熱門的話題，全球掀起熱潮的精靈寶可夢遊戲是由任天堂公司所發行的結合智慧手機、GPS 功能及擴增實境技術（AR）的尋寶遊戲。這種遊戲化行銷給網路行銷市場帶來了重大影響，就是一種透過擴增實境的遊戲趣味，以及現有的 App 去嘗試使用擴增實境技術，進而增加消費與品牌之間的黏著性，最後全面提高行銷效益的方法。

從寶可夢成功的網路行銷經驗來看，就是運用虛擬實境（AR）結合了遊戲與實體世界，讓寶可夢與現實地理地圖結合，呈現真實的街道架構，整個城市都是你的狩獵場，各種神奇寶貝可在現實世界中與玩家互動，讓玩家走出戶外，享受整個城市，只要透過手機鏡頭來查看周遭的神奇寶貝再動手捕抓，達到模擬出精靈寶可夢世界的效果，然後透過寶粉遊玩帶動的各種分享、轉發，輕易引起各路寶粉的共鳴，迅速帶起全球神奇寶貝迷抓寶的熱潮。

⬆ 寶可夢是結合 AR 與 LBS 的遊戲化行銷

此外，這項技術更大量啟動了 AR 在網路行銷上的應用，由此可見 AR 的風潮和受重視的程度。例如 IKEA 也推出一款讓消費者藉由 AR 瀏覽最新家具的 App，透過將所有家具數據以 3D 形式建模，讓消費者直觀簡單地挑出精確適合商品，不但實際連結身歷其境的購物體驗，更增加消費者購買意願。

⬆ 寶可夢可與現實世界環境結合

5-3 虛擬實境與電商的應用

在講究「客戶體驗」才是王道的今天，我們知道網路商店與實體商店最大差別就是無法提供產品觸摸與逛街的真實體驗，未來虛擬實境更具備了顛覆電子商務的潛力。從娛樂、社交平臺、電子商務到網路行銷，最近全球又再次掀起了虛擬實境（Virtual Reality Modeling Language, VRML, VR）相關產品的搶購熱潮，許多智慧型手機大廠 HTC、Sony、Samsung 等都積極準備推出新的虛擬實境裝置，創造出新的消費感受與可能的電商應用。

網路購物的風險是不能實際看到商品或觸摸商品，阿里巴巴旗下著名的購物網站淘寶網，將發揮其平臺優勢，全面啟動「Buy＋」計畫引領未來購物體驗，向世人展示了利用虛擬實境技術改進消費體驗的構想，戴上連接感應器的 VR 眼鏡，例如開發虛擬商場或虛擬展廳來展示商品試用商品等，改變了以往 2D 平面呈現方式，不僅革新了網路行銷的方式，讓消費者有真實身歷其境的感覺，大大提升虛擬通路的購物體驗。

🎧 「Buy＋」計畫引領未來虛擬實境購物體驗

5-4 大數據行銷

近年來由於社群網站和行動裝置風行,加上萬物互聯的時代無時無刻產生大量的數據,使用者瘋狂透過手機、平板電腦、電腦等,在社交網站上大量分享各種資訊,許多熱門網站擁有的資料量都上看數 TB(Tera Bytes,兆位元組),甚至上看 PB(Peta Bytes,千兆位元組)或 EB(Exabytes,百萬兆位元組)的等級,面對不斷擴張的驚人資料量,相信許多人都會聽過「大數據」(Big Data),大數據已經不只是一個議題,更是面對未來競爭環境必須採用的手段,正以驚人速度不斷被創造出來的大數據,為各產業的營運模式帶來新契機,也改變了企業的生產和行銷模式。

> **Tips 大數據資料**
>
> 為了讓各位實際了解大數據資料量到底有多大,我們整理了下表,提供給各位作為參考:
> 1 Terabyte =1000 Gigabytes=1000^4 Kilobytes
> 1 Petabyte =1000 Terabytes=1000^5 Kilobytes
> 1 Exabyte   =1000 Petabytes=1000^6 Kilobytes
> 1 Zettabyte =1000 Exabytes =1000^7 Kilobytes

21 世紀是資訊爆炸的時代,網路店家也如雨後春筍般地蓬勃發展起來,觀察大數據的發展趨勢,已經成功地跨入網路行銷領域,行銷人最重要的問題不是數據不夠多,而是如何從大數據中獲取有價值的資訊。大數據的運用將不只被拿來當精準廣告投放,更可以協助擬定最源頭的行銷策略,當大數據結合了網路行銷,將成為最具革命性的行銷大浪潮。

5-4-1 大數據的定義

大數據世代崛起，因應了數位時代中不斷累積的各式資訊而生，科技的發展也讓資訊量不斷暴增，大數據（又稱大資料、大數據、海量資料、Big Data），由 IBM 於 2010 年提出，大數據不僅僅是指更多資料而已，主要是指在一定時效（Velocity）內進行大量（Volume）且多元性（Variety）資料的取得、分析、處理、保存等動作，主要特性包含三種層面：大量性（Volume）、速度性（Velocity）及多樣性（Variety）。我們可以這麼簡單解釋：大數據其實是巨大資料庫加上處理方法的一個總稱，是一套有助於企業組織大量蒐集、分析各種數據資料的解決方案。

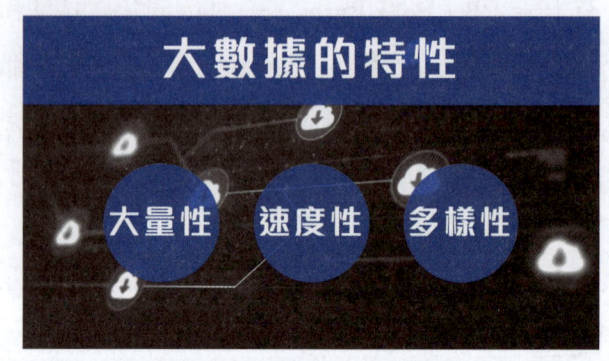

↑ 大數據的三項主要特性

❖ 大量性（Volume）

以過去的技術無法管理的資料量，資料量的單位可從 TB（Tera Byte，一兆位元組）到 PB（Peta Byte，千兆位元組）。

❖ 速度性（Velocity）

大數據資料每分每秒都在更新，更新速度非常快，技術也能做到即時儲存、處理。

❖ 多樣性（Variety）

例如存於網頁的文字、影像、網站使用者動態與網路行為、客服中心的通話紀錄，資料來源多元及種類繁多，包括文字、影像、社群訊息、搜尋行為等等。

就以目前相當流行的 Facebook 為例，為了記錄每一位好友的資料、動態消息、按讚、打卡、分享、狀態及新增圖片，因為 Facebook 的使用者人數眾多，要取得這些資料必須藉助大數據的技術，接著 Facebook 才能利用這些取得的資料去分析每個人的喜好，再投放他感興趣的廣告或粉絲團或朋友。

5-4-2 大數據的應用

　　阿里巴巴創辦人馬雲在德國 CeBIT 開幕式上如此宣告：「未來的世界，將不再由石油驅動，而是由數據來驅動！」行銷人員再也不能以傳統思維看待廣告方法，傳統行銷因為資源與人力的限制，往往只能是人去配合行銷，過去的行銷手法採用一對多的模式，這個方式可能讓投放的廣告石沉大海，根本無法靠數據與模型來說話，當大數據結合行銷已經成為最具革命性的行銷大趨勢，行銷模式從傳統的一對多轉向一對一，我們將會看到許多店家嘗試投放更加精準鎖定消費者的廣告和內容。

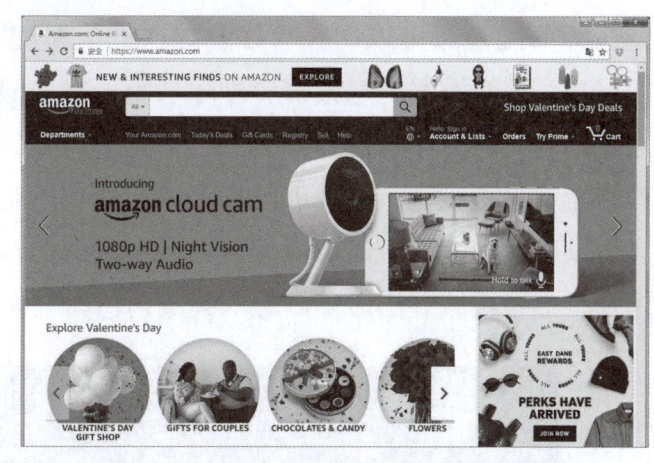

🔺 Amazon 應用大數據提供更精準個人化購物體驗

　　過去使用傳統媒體從事行銷活動，消費者、通路商以及商品之間的三角關係，經常隱藏許多不確定性，受限於行銷工具的不精確，造成廣告效果難以估算。當隨著大數據應用出現後，突破過去行銷瓶頸，透過演算法來洞察消費者數據，大數據結合了網路行銷將成為最具革命性的行銷大趨勢。

　　透過大數據分析資料，目標族群每分每秒的網路行為都能被忠實記錄，進一步了解產品購買和需求的族群是哪些人，並轉化成有效的行銷策略。例如美國最大的線上影音出租服務的網站 NETFLIX 長期對節目的進行分析，透過對觀眾收看習慣的了解，對客戶的行為做大數據分析。經過大數據分析的推薦引擎，不需要把影片內容先放出去後才知道觀眾喜好程度，結果證明使用者有 70％ 以上的機率會選擇 NETFLIX 推薦的影片，可以使 NETFLIX 節省不少行銷成本。

🔺 NETFLIX 借助大數據技術成功推薦影片給消費者

大數據在當今最關鍵的問題,是如何從繁而雜的資訊中找出真正有用的部分,例如現代遊戲開發團隊不可能再像傳統一樣憑感覺與個人喜好去設計遊戲,背後靠的正是蒐集以玩家喜好為核心的大數據。目前相當火紅的「英雄聯盟」(LOL)這款遊戲,每天研發團隊都會透過連線對於全球所有比賽,藉由實際玩家網路行為與分布全世界伺服器中超過100億筆玩家的各式資料,進行大數據及雲端語意分析技術,可以即時監測所有玩家的動作與產出網路大數據分析,只要發現某一個玩家喜歡的英雄出現太強或太弱的情況,就能即時調整相關的遊戲平衡性,然後再設計出最受歡迎的英雄角色與全面換新面貌與比賽方式。

🔊 英雄聯盟的遊戲畫面

5-5 社群行銷

從 Web 1.0 到 Web3.0 的時代，隨著各類部落格及社群網站（SNS）的興起，網路傳遞的主控權已快速移轉到網友手上，從早期的 BBS、論壇，一直到近期的部落格、Plurk（噗浪）、Twitter（推特）、Pinterest、Instagram、微博、Facebook 或 Youtube 影音社群，主導了整個網路世界中人跟人的對話。「社群網路服務」（Social Networking Service, SNS）就是 Web 2.0 體系下的一個技術應用架構，是基於哈佛大學心理學教授米爾格藍（Stanely Milgram）所提出的「六度分隔理論」（Six Degrees of Separation）運作。這個理論主要是說在人際網路中，要結識任何一位陌生的朋友，中間最多只要通過六個朋友就可以。

◎ 美國總統川普經常在推特上發文表達政見

5-5-1 社群行銷的定義

社群平臺的盛行，讓全球電商們有了全新的行銷管道，比起一般傳統廣告，現在的消費者更相信朋友的介紹或網友的討論，透過朋友間的串連、分享、社團、粉絲頁與動員令的高速傳遞，進而發展成以社群為中心來分享資源的網路行銷新媒體。

從內涵上講，就是社會型網路社區，即社群關係的網路化。例如臉書（Facebook）的出現令民眾生活形態有了不少改變，在 2016 年底時全球每日活躍用戶人數也成長至 12.3 億人，在臺灣更有爆炸性成長，打卡（在臉書上標示所到之處的地理位置）成為普遍流行的現象。

◎ 年輕人經常在 Instagram 發佈圖片抒發心情

129

Instagram 則是一個結合手機拍照與分享照片機制的新社群軟體，Instagram 的崛起，代表用戶對於影像社群的興趣開始大幅提升，2017 年 Instagram 每月活躍者已經超過 6 億用戶。

所謂社群行銷（Social Media Marketing），就是透過各種社群媒體網站，讓企業吸引顧客注意而增加流量的方式。由於大家都喜歡在網路上分享與交流，透過朋友間的串連、分享、社團、粉絲頁與動員令的高速傳遞，創造了互動性與影響力強大的平臺，進而提高企業形象與顧客滿意度，並間接達到產品行銷及消費，所以被視為是便宜又有效的行銷工具。

5-5-2 社群行銷的特性

網路時代的消費者是流動的，隨著近年來社群網站浪潮一波波來襲，社群行銷已不是選擇題，企業要做好社群行銷，一定要先善用社群媒體的特性，因為網路行銷的最終目的不只是追求銷售量與效益，而是重新思維與定位自身的品牌策略。以下我們將開始為各位介紹社群行銷的四種特性。

❖ 分享性

從行銷的角度來說，分享是銷售的最終極武器，根據最新的統計報告，有 2/3 美國消費者購買新產品時會先參考社群上的評論，網路社群的特性是分享交流，粉絲到社群是來分享心情，而不是來看廣告，商業性質太濃反而容易造成反效果，透過富有趣味性及互動性強的貼文與影片，讓他們願意主動幫你分享出去，比廠商付費的推銷文更容易吸引人。例如相當知名的 iFit 愛瘦身粉絲團，創辦人陳韻如主要是將專業的瘦身知識以個人獨特的短文表達，難怪讓粉絲團大受歡迎。

↑ 陳韻如小姐分享瘦身經驗，讓粉絲團大受歡迎

❖ 黏著性

　　有些品牌覺得開設了一個 Facebook 粉絲頁面，三不五時到 FB 貼文，就可以趁機打開知名度，讓品牌能見度大增，這種想法是大錯特錯。社群行銷要成功，你必須經常要為品牌找個話題，而不是從廣告推銷的商業角度，在品牌內容行銷時廣泛納入粉絲意見，將成為粉絲對商品產生歸屬感的關鍵。網路社群也是依靠回覆留言來增加黏著性，成功吸引大量新粉絲加入，讓粉絲常常停下來看你的留言，互動才是社群的精髓所在。回答粉絲的留言要將心比心，才能增加粉絲對品牌的黏著度（Stickiness），平時就與粉絲拉近距離，潛移默化中讓品牌更深入人心。

↑ 丹堤咖啡透過用心營運和舉辦活動，粉絲人數超過 5 萬人

❖ **多元性**

　　社群媒體成為現代人日常生活中的一部分，的確提供更多元的管道與消費者互動，每個社群網站都有其所屬的主要客群跟使用偏好。根據社群媒體的多元性，訂定社群行銷策略。在臺灣使用者最多社群平臺應該就是 Facebook 跟 LINE 了，這兩個社群媒體已經離不開大家的生活，隨著消費者需求及習性不同，不同社群平臺行銷手法上也不同。例如你的品牌主要針對企業用戶，那麼 LinkedIn 這類專業社群網站就會有事半功倍的效果，如果針對零散的個人消費者，推薦使用 Google+ 或 Facebook 都很適合，多多思考如何抓住口味轉變極快的社群，才是成功行銷的不二法門。

🔊 韓系美妝蘭芝（LANEIGE）成功利用臉書來培養與粉絲長期關係

❖ **傳染性**

　　社群媒體改變了每個傳統產業的經營模式，行銷高手都知道要建立產品信任度是多麼困難的一件事，特別是消費者對自己的選擇性愈來愈有主導權。首先要推廣的產品最好需要某種程度的知名度，挑選粉絲想看的內容，接著把產品訊息置入互動的內容，最後透過網路的無遠弗屆以及社群的口碑效應，口耳相傳之間立即擴散傳染，被病毒式轉貼的內容，透過舊顧客吸引新顧客，利用口碑、邀請、推薦和分享，在短時間內提高曝光率，引發社群的迴響與互動，大量把網友變成購買者。

5-6 我的臉書行銷

臉書（Facebook）是目前最熱門且擁有最多會員人數的社群網站，許多人幾乎每天一睜開眼就先上臉書，關注朋友們的最新動態，一般人除了由臉書來了解朋友的最新動態和訊息外，透過朋友的分享也能從中獲得更多更廣泛的知識。臉書也是社群行銷的管道之一，從 2009 年 Facebook 在臺灣開始火熱起來之後，小自賣雞排的攤販，大至知名品牌、企業的老闆，都紛紛在 Facebook 上頭經營粉絲專頁（Fans Page），例如餐廳給來店消費打卡者折扣優惠。

很多企業品牌透過臉書成立粉絲團或社團，將商品的訊息或活動利用臉書快速的散播到朋友圈，再透過社群網站的分享功能，就可擴大到朋友的朋友圈之中，這樣的分享與交流讓企業也重視臉書的經營，透過這樣的方式讓更多人認識和使用商品，除了建立商譽和口碑外，讓企業以最少的花費得到最大的商業利益，進而帶動商品的業績。

↑ 桂格食品透過臉書與粉絲交流

↑ 麥當勞粉絲專頁

5-6-1 臉書行銷簡介

由於臉書上朋友都是自己認同的朋友，比起一般傳統廣告，消費者更相信朋友的介紹或網友的討論，藉由廣泛的擴散效果，在朋友之間的串連、分享與動員令的高速傳遞，使資訊有機會觸及更多的顧客，如果各位懂得善用 Facebook 來進行網路行銷，必定可以用最小的成本，達到最大的行銷效益。

> 臉書的「交友邀請」列出你可能認識朋友，也可以看出彼此的共同朋友有多少，認識朋友的朋友會比陌生人更來的容易

現在臉書中最夯的趨勢就是「視訊直播」，除了可以和網友即時分享生活的精彩片段與樂趣外，儼然已經成為商品銷售的大平臺。例如小米直播用電鑽來鑽手機，依然毫髮無損，就是活生生把產品發表會做成一場直播秀，這些都是其他行銷方式無法比擬的優勢，也將顛覆傳統網路行銷領域。很多腦筋動得快的業者，就直接運用臉書直播來做商品的拍賣銷售，像是延攬知名藝人和網紅來拍賣商品，只要名氣響亮，觀看的人數眾多，主播者和網友之間有良好的互動，就可以在臉書直播的平臺上衝高收視率，帶來龐大無比的額外業績。

> 臉書直播是商品買賣的新戰場，為商家帶來無限的商機

Facebook 是集客式行銷的大幫手,各位想要利用 Facebook 做行銷,當然要熟悉 Facebook 所提供的功能,同時吸取他人成功的行銷經驗,這樣必能為商品帶來無限的商機。以下我們將為各位介紹 Facebook 中可以運用來行銷商品或理念的相關功能。

5-6-2 動態消息的功用

在 Facebook 中最常使用的行銷功能就是「動態消息」,位在個人臉書的「首頁」處正上方,不管是個人的臉書或粉絲專頁上,在「動態消息」的區塊上隨時可以貼文發表自己的心情,也可以上傳圖片、影片或開啟直播視訊,讓所有朋友得知你的最新訊息或想傳達的行銷訊息。

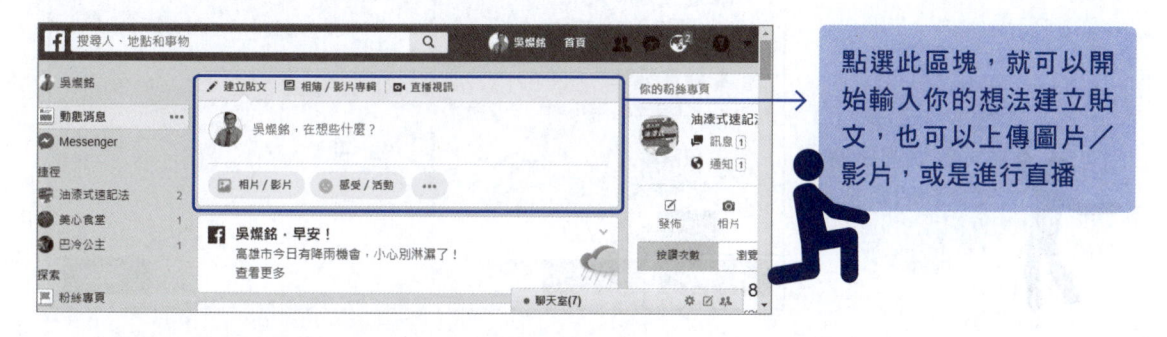

> 點選此區塊,就可以開始輸入你的想法建立貼文,也可以上傳圖片／影片,或是進行直播

新的「動態消息」功能可以讓各位直接由下方的圖鈕點選背景圖案,只要在輸入想要表達的文字內容,就可以進行發佈,讓單純文字貼文不再單調空白。

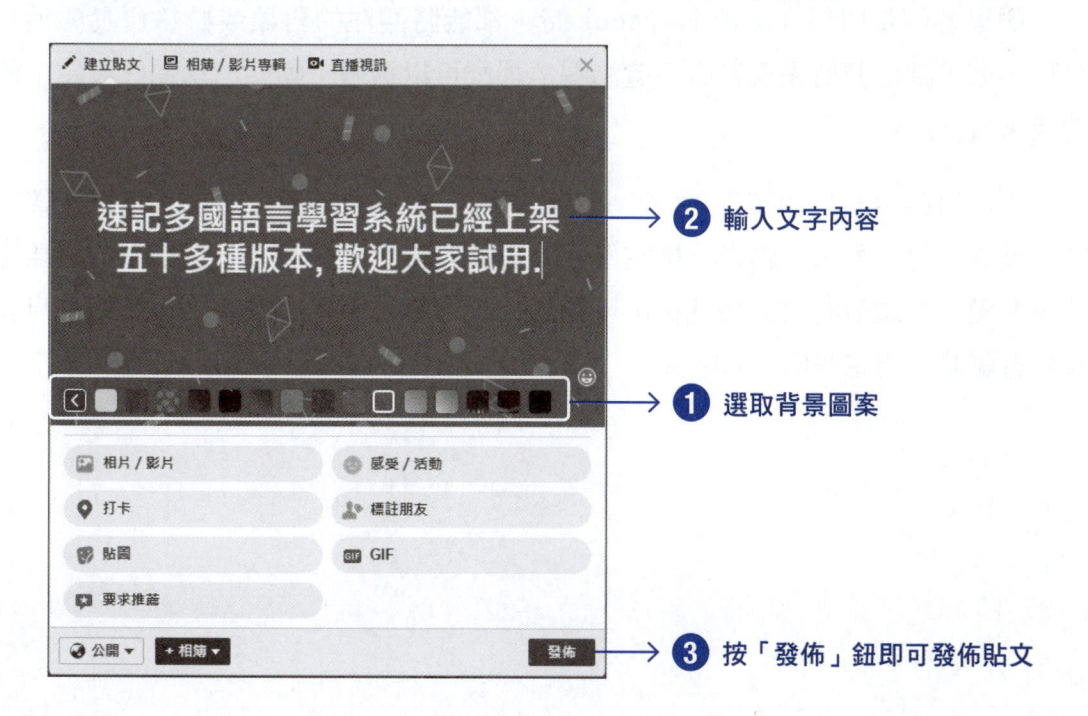

❷ 輸入文字內容

❶ 選取背景圖案

❸ 按「發佈」鈕即可發佈貼文

許多商家都會透過「動態消息」來進行行銷，當分享產品訊息在動態消息上面時，這些訊息也能在好友們的近況動態中發現，而達到行銷朋友圈的目的，迅速擴散品牌與行銷訊息。此外，請確認「公開」鈕下的選單是否是勾選「公開」，這樣所有的臉書用戶和非用戶都可以看到內容，如果只是個人針對特定朋友，或是不想讓部分朋友看到，也可以在選單中進行設定。

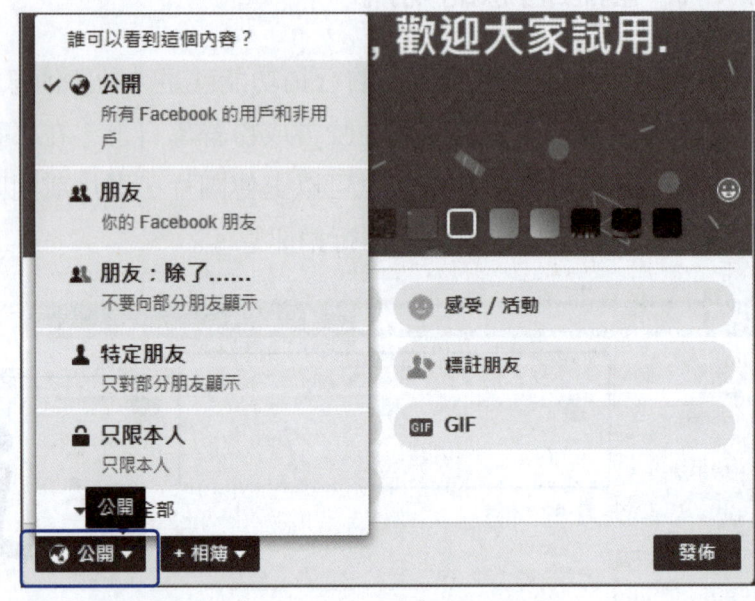

按下「公開」鈕，可以選擇貼文公開的範圍

❖ 動態消息搶先看

如果各位希望每次開啟 Facebook 時，都能將關注的對象或粉絲頁動態消息呈現出來，讓他們搶先觀看而不遺漏嗎？那麼可以透過「動態消息偏好設定」的功能來自行決定。

由臉書視窗右上角按下 ▼ 鈕，下拉選擇「動態消息偏好設定」指令，接著在「偏好設定」視窗中點選「排定優先查看的對象」，接著在不想錯過的對象上按下左鍵，大頭貼的右上角就會出現藍底白星的圖示，依序設定後，動態消息頂端就會隨時顯現這些朋友的貼文。

❶ 選此項設定優先查看的對象

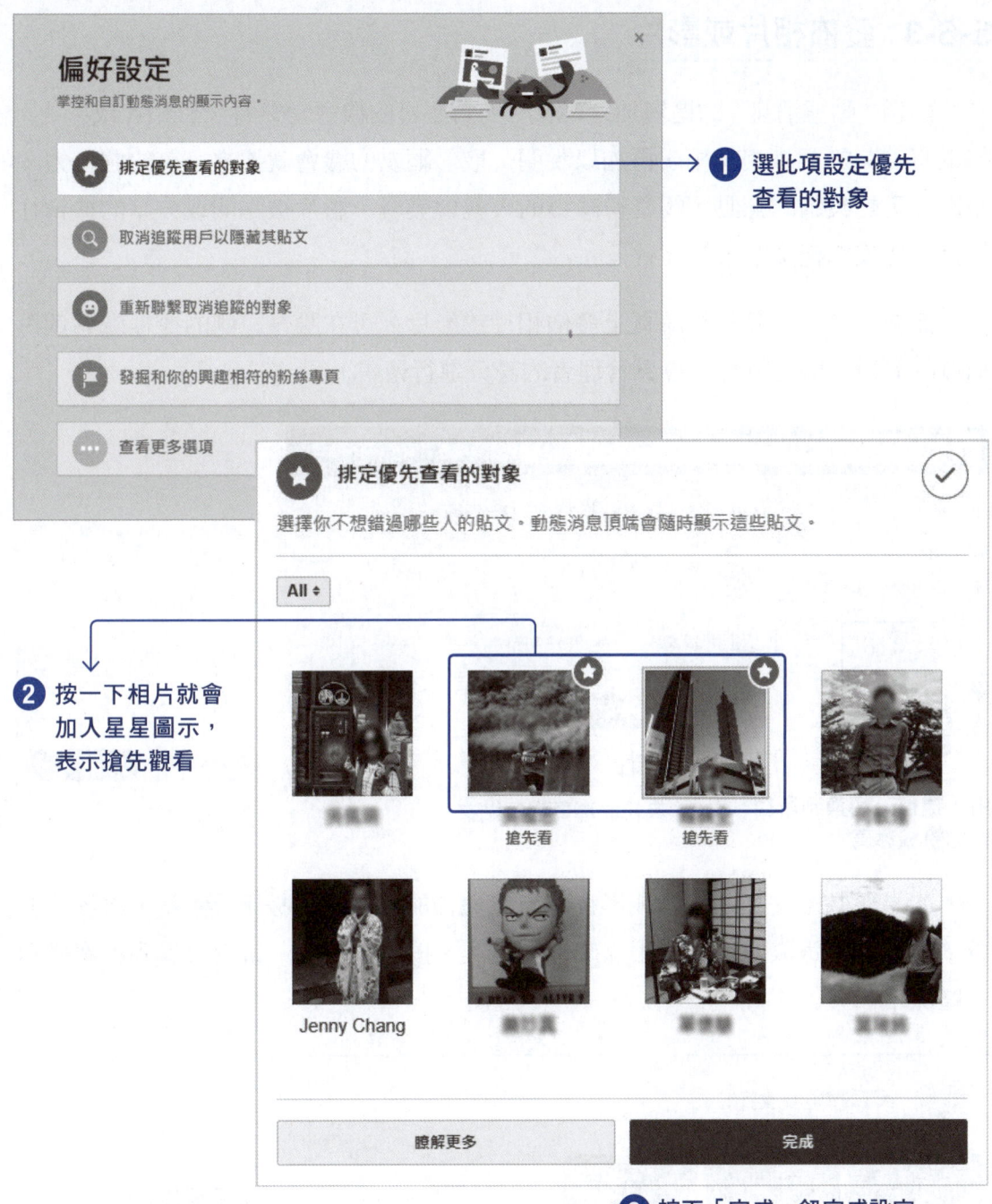

❷ 按一下相片就會加入星星圖示，表示搶先觀看

❸ 按下「完成」鈕完成設定

5-6-3 發佈相片或影片

透過「動態消息」的區塊放送貼文，受到注目的機會當然會少於相片或影片，如果有美美的相片相輔相成再加以說明，取信網友的機會就比文字來的強有力。而影片更是吸睛的焦點，經營粉絲頁的人就會發現，影片被點閱或分享的機會往往比相片或單純文字來的高。

想要從自己經營的粉絲頁上發佈相片或影片，可在臉書左側的捷徑處點選粉絲頁的名稱，即可以粉絲專頁管理者的身分進行留言。

由「捷徑」切換到所經營的粉絲專頁

為粉絲專頁進行貼文

如果要為貼文加入相片或影片，請在發佈的區塊下方按下 鈕，再於「開啟」的視窗中選取要發佈的相片或影片檔案，按下「開啟」鈕就會看到檔案顯示在區塊中。

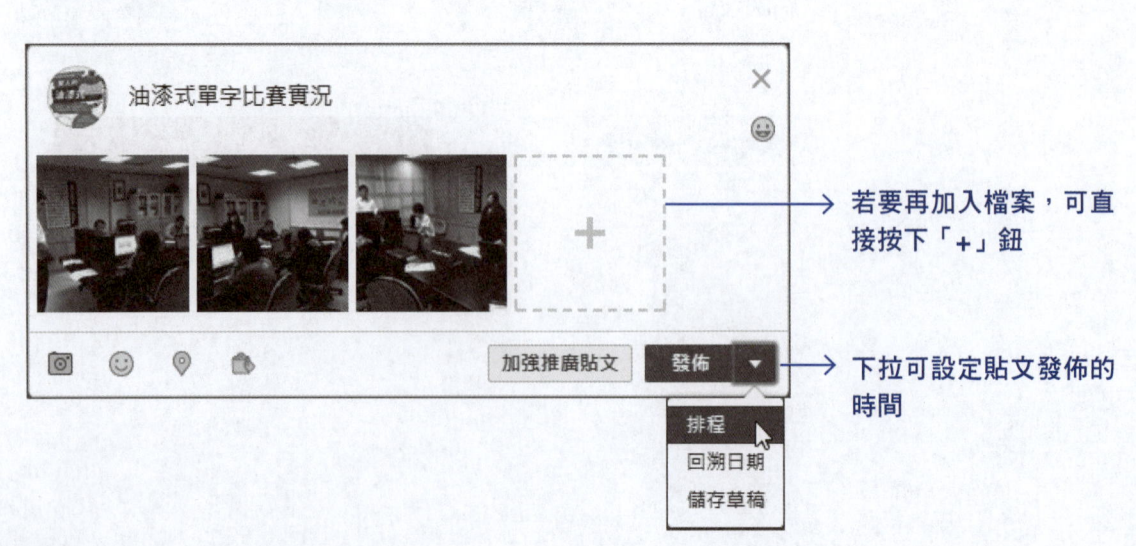

若要再加入檔案，可直接按下「+」鈕

下拉可設定貼文發佈的時間

確認發佈的內容後,按下「發佈」鈕即可將貼文發佈出去。如果想要設定貼文發佈的時間點,可由「發佈」鈕下拉選擇「排程」指令,即可指定要發佈的時間點。

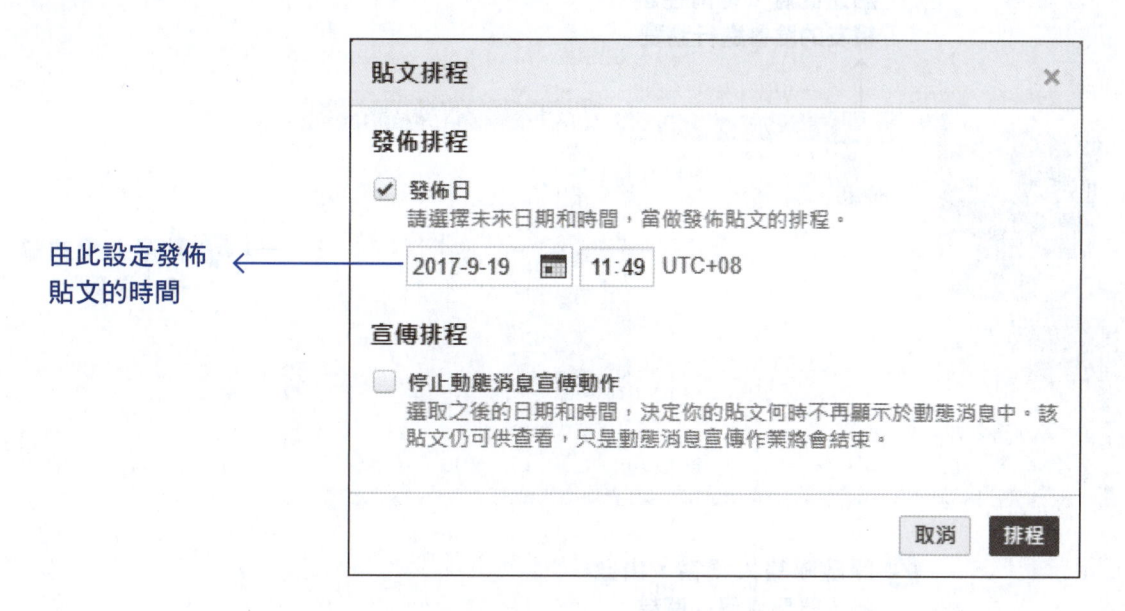

由此設定發佈貼文的時間

5-6-4 即時通訊 Messenger 與聊天室

當各位利用臉書發佈各項動態消息給朋友或粉絲後,如果粉絲有疑問或有興趣,很多人都會利用即時通訊軟體來做聯絡。因為臉書裡有「聊天室」的功能,當你開啟臉書時,右下角的小方塊中就可以看到那些臉書朋友有上線。

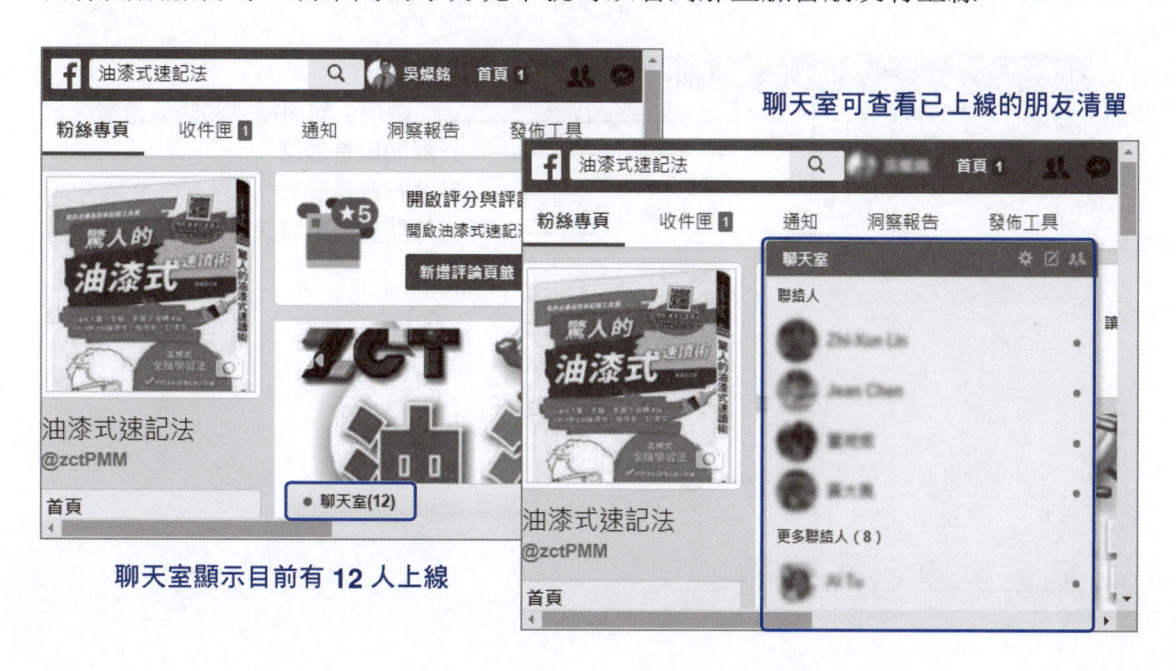

聊天室顯示目前有 12 人上線

聊天室可查看已上線的朋友清單

看到老友正在線上，想打個招呼或進行對話，直接從聊天室的清單中點選聯絡人，就能在開啟的視窗中即時和朋友進行訊息的傳送。

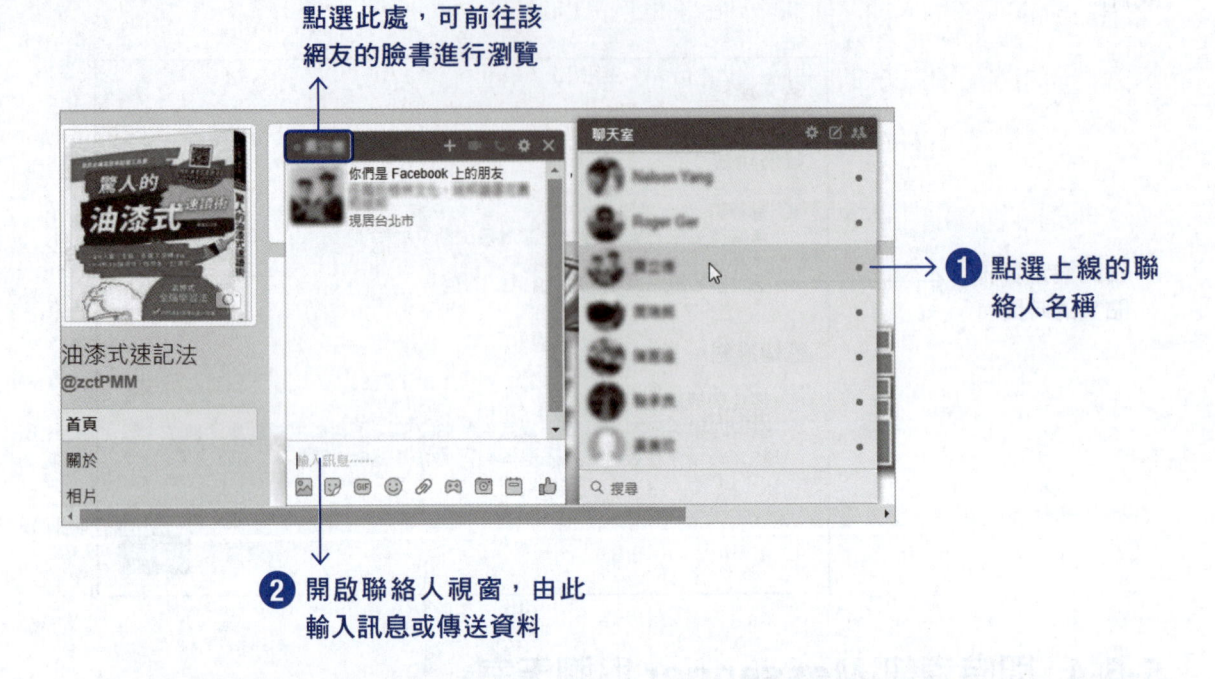

點選此處，可前往該網友的臉書進行瀏覽

❶ 點選上線的聯絡人名稱

❷ 開啟聯絡人視窗，由此輸入訊息或傳送資料

開啟的臉書聯絡人視窗，除了由下方傳送訊息、貼圖或檔案外，想要加朋友一起進來聊天、進行視訊聊天、展開語音通話，都可由視窗上方進行點選。另外，按下「選項」⚙ 鈕點選「以 Messanger 開啟」指令，也能開啟即時通訊視窗—Messanger，讓各位專心地與好友進行訊息對話，而不受動態消息的干擾。

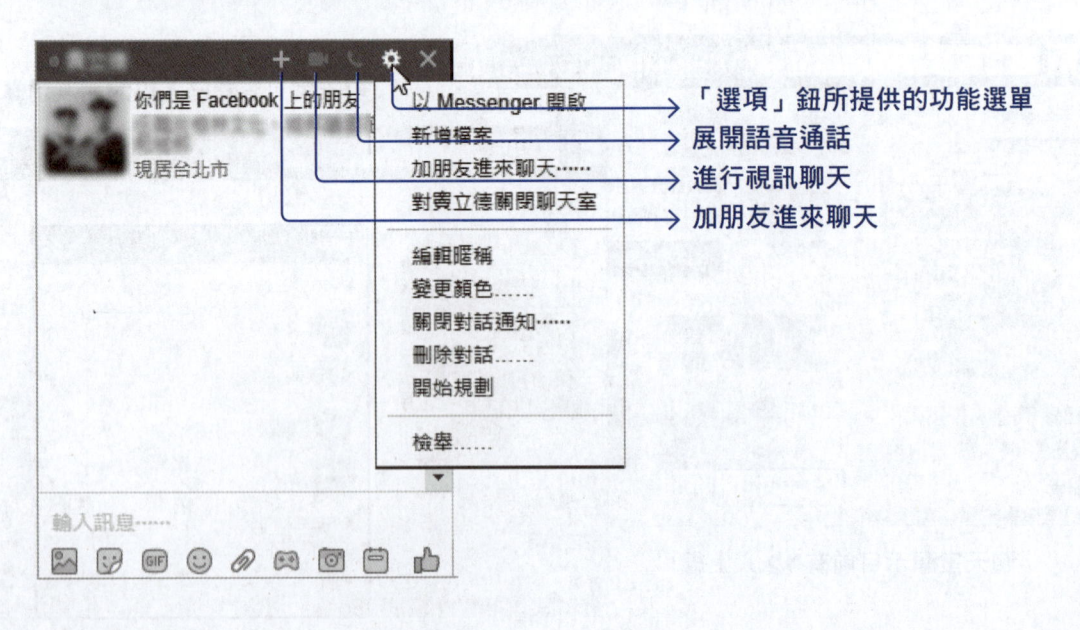

「選項」鈕所提供的功能選單
展開語音通話
進行視訊聊天
加朋友進來聊天

如果是由臉書首頁的左上方按下「Messenger」選項，就會進入 Messenger 的獨立頁面，點選聯絡人名稱即可進行通訊。

① 點選「Messenger」

由此可搜尋臉書上的其他朋友

② 點選朋友相片

③ 在此輸入訊息、傳送檔案或貼圖

臉書的「Messenger」可以讓使用者專心地發送訊息而不受干擾，視窗左側會列出曾經與你對話過的朋友清單，如果未曾通訊過的臉書朋友，也可以在左上方的 Q 處進行搜尋。

在此獨立的視窗中，不管聯絡人是否已上線，只要點選聯絡人名稱，就可以在訊息欄中留言給對方，當對方上臉書時自然會從臉書右上角看到「收件夾訊息」鈕有未讀取的新訊息。另外，利用 Messenger 除了直接輸入訊息外，也可以發送語音訊息、直接打電話，或是視訊聊天，相當的便利。

→ 有新訊息未讀取，這裡會顯示

→ 選擇語音通話或視訊聊天

→ 語音訊息，按下「播放」鈕可聽到聲音

由於行銷的訊息發佈出去後，多數臉書上的朋友大都是透過 Messenger 來提問，所以經營粉絲專頁的人務必經常查看收件匣訊息，對於網友所提出的問題務必用心的回覆，這樣不但能增加品牌形象，也能提升商品的信賴感。

141

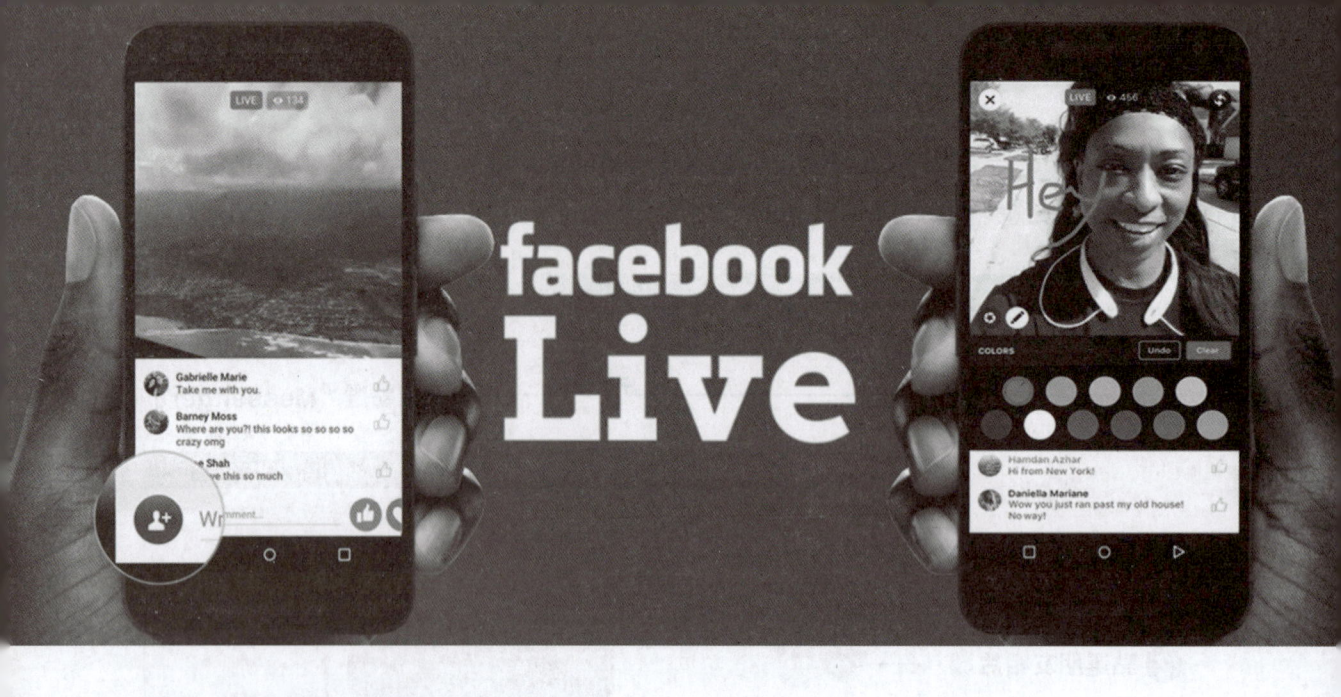

5-6-5 視訊直播

「視訊直播」功能原本是要讓會員們可以透過手機隨時做 Live 秀，讓歡樂時光與朋友的分享無時差，不過臉書直播功能剛推出，腦筋動得快的人就運用在商品行銷上，目前已成為商品買賣的新戰場。剛開始時業者大多以玉石、寶物或玩具的銷售為主，現今投入的商家愈來愈多，不管是冷凍海鮮、生鮮蔬果、漁貨、衣服⋯⋯等通通都搬上桌，直接在直播平臺上叫賣。

直播行銷最大的好處在於進入門檻低，只需要網路與手機就可以開始，不需要專業的影片團隊也可以製作直播，現在不管是明星、名人、素人，通通都要透過直播和粉絲互動，也由於競爭愈來愈激烈且白熱化。有些商家為了拼出點閱率，拉抬臉書直播的參與度，還會祭出贈品或現金抽抽樂等方式來拉抬人氣，只要進來觀看的人數愈多，就可以抽更多的獎金。

因為點閱率愈高才能創造出成交率，直播拍賣確實為商家帶來無限的商機，不僅業績能夠翻倍成長，也不用被動式的等客戶上門，也不受天氣或場地的限制，只要有網路或手機在手，任何地方都能變成拍賣場。

各位想要利用直播功能也非常簡單，只要從手機上開啟臉書 App，對著臉書按下「直播」或「開始直播」鈕就可以開始錄影，如果是將視訊直播當作購物的平臺，一般業者只要有網路，銷售場地有大桌可放置商品，加上一台智慧型手機，開啟麥克風後再按下「直播」或「開始直播」鈕，就可以向 Facebook 上的朋友販售商品。

iPhone 手機按
「直播」鈕

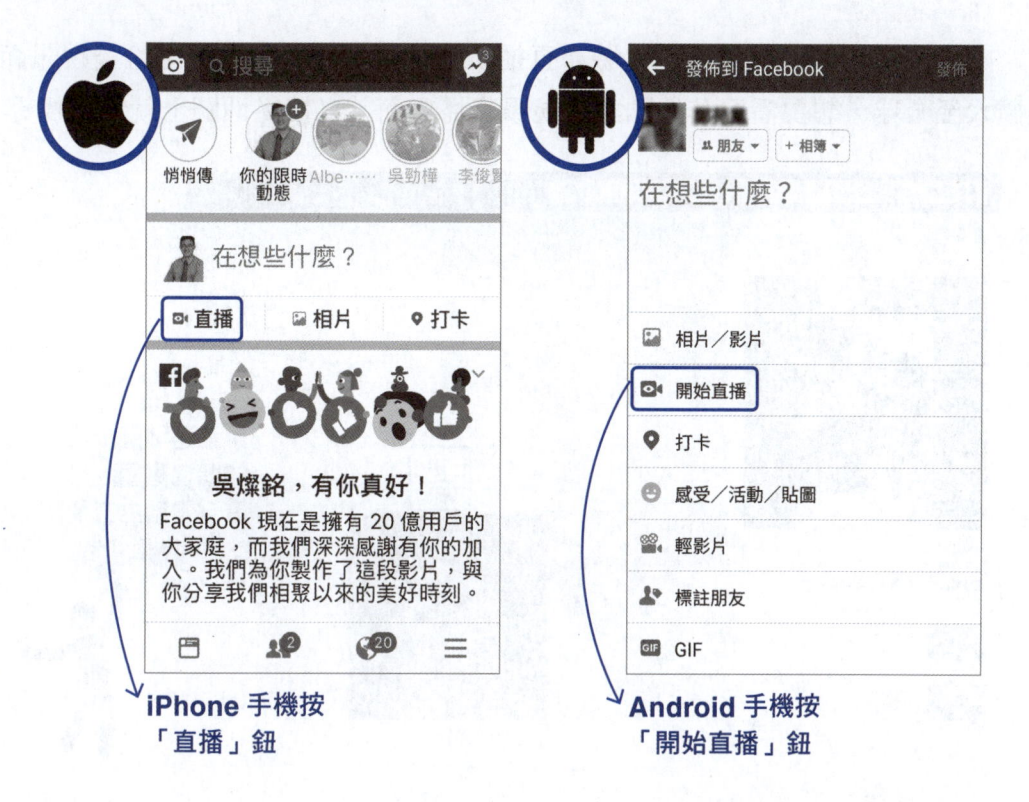

Android 手機按
「開始直播」鈕

臉書直播的過程中，臉書上的朋友可以留言、喊價或提問，也可以按下各種的表情符號讓主播的人知道觀看者的感受。當拍賣者概略介紹商品後，便開始喊出起標價，然後讓臉友們開始競標、留言下標，透過搶購來造成熱絡的買氣。若是觀看人數尚未有起色，也會送出一些小獎品來哄抬人氣，按分享的臉友也能得到獎金獎品，透過「分享」的功能就可以讓更多人看到此銷售的直播畫面。

直播過程中，瀏覽者可隨時留言、分享或按下表情的各種符號

Chapter 5 網路行銷發展與未來趨勢

除了生活用的商品可以透過臉書直播功能來行銷外，現在透過直播視訊範圍更擴大至全球，想要看看其他國家的現場直播畫面，直接從地圖上就可以找尋。

> 點選地圖上的藍色圈圈，可看到當地的直播畫面

5-6-6 粉絲專頁

　　Facebook 真正的價值並非只是讓企業品牌累積粉絲與免費推播行銷訊息，而是這個平臺具備全世界最精準的分眾（Segmentation）行銷能力，分眾功能就是藉由多采多姿的粉絲專頁來達成。粉絲經濟也算一種新的經濟形態，在這個時代做好粉絲經營，網路行銷就能事半功倍，誰掌握了粉絲，誰就找到了賺錢的捷徑。

　　臉書的粉絲專頁不同於個人臉書，臉書好友的上限是 5000 人，而粉絲專頁可針對商業化經營的企業或公司，它的粉絲人數並無限制，屬於對外且公開性的組織。粉絲專頁除了可以在臉書的塗鴉牆上分享訊息外，還可以統計訪客人數，提供行銷的數據分析，也可以有多位管理員來分層級管理粉絲專頁，更可以透過廣告的購買，以低成本來行銷商品，增加商品的能見度，凡是組織、企業、名人的代表，就可以建立粉絲專頁。它的特性是任何人在專頁上按「讚」即可加入成為粉絲，而成為粉絲的人就可以在近況動態中，看到自己喜愛專頁上的消息狀況。所以許多官方代表都紛紛建立一個專屬的 Facebook 粉絲專頁，用來散佈商業訊息，或是與消費者做第一線的互動。

粉絲專頁的類別目前分為六大類，包括地方性商家或地標、公司組織或機構、品牌或商品、表演者樂團或公眾人物、休閒娛樂、理念倡議或社群。要建立粉絲專頁，請從臉書首頁的左下角的「建立」處按下「粉絲專頁」，就能在如下視窗中選擇專頁類型的選擇：

當各位建立粉絲專頁後，任何人對粉絲專頁按讚、連言或做分享，管理者都可以「通知」的標籤查看得到。

在「洞察報告」方面，對於貼文的推廣情形、粉絲頁的追蹤人數、按讚者的分析、貼文觸及的人數、瀏覽專頁的次數、點擊用戶的分析……等資訊，都是粉絲專頁管理者作為產品改進或宣傳方向調整的依據，從這些分析中也可以了解粉絲們的喜好。

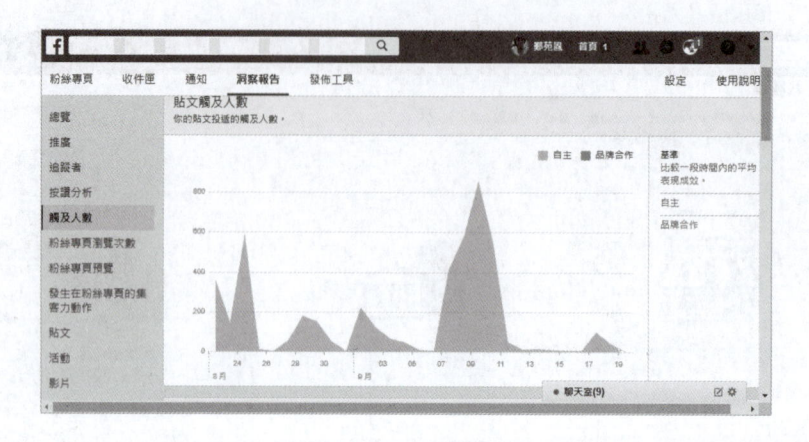

在「發佈工具」的標籤中，能夠看到各個貼文的觸及人數以及實際點擊的人數，另外，發佈影片實際被觀看的次數也是一目了然，對於粉絲有興趣的內容不妨投入一些廣告預算，讓其行銷範圍更擴大。

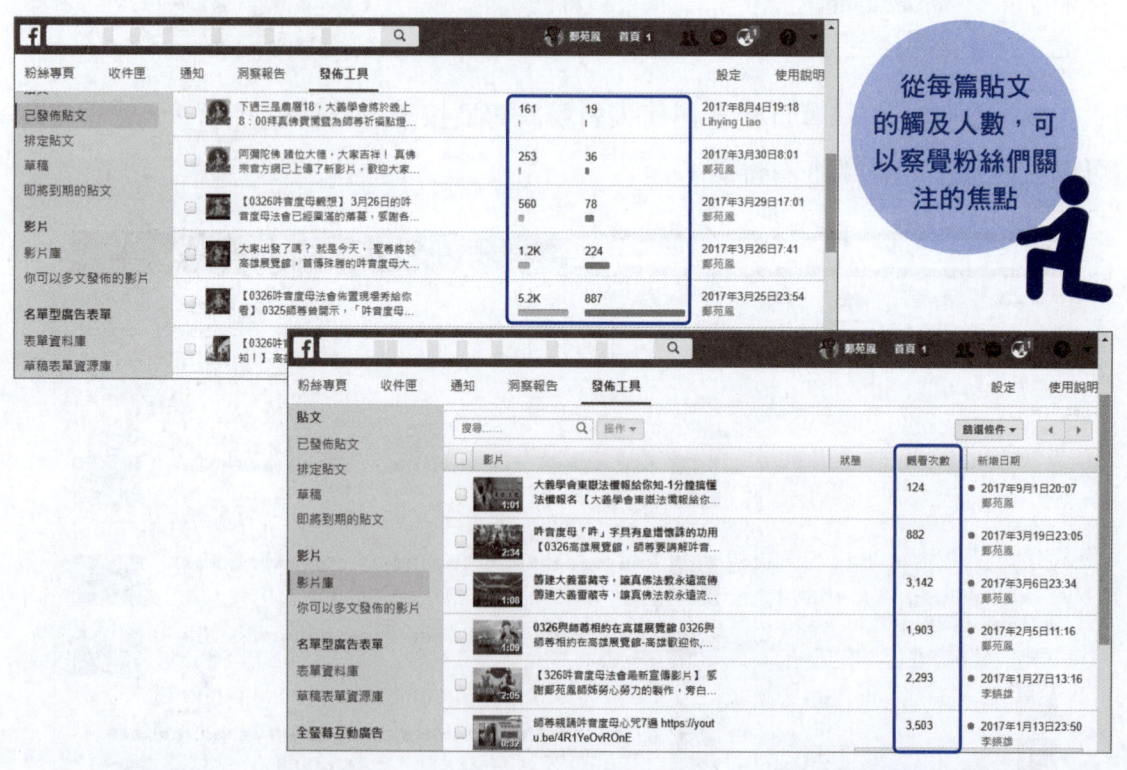

從每篇貼文的觸及人數，可以察覺粉絲們關注的焦點

影片被觀看的次數一目了然

5-6-7 建立活動

在 Facebook 裡，除了在粉絲專頁發佈商品的各種訊息和相關知識外，也可以透過活動的舉辦來推廣商品。經營者可以針對粉絲專頁的特性來設計不同的活動，或是藉由舉辦活動來活絡粉絲專頁與粉絲之間的互動，讓彼此的關係更親密更信賴。

舉辦的活動如果是私人活動，可以從個人臉書左下角的「建立」處按下「活動」鈕，就能在如下的視窗中輸入活動名稱、地點、日期與說明文字，再上傳相片或影片做為活動宣傳照，這樣就可讓朋友們知道活動內容。

如果是針對粉絲專頁來舉辦活動，那麼請由「捷徑」處點選粉絲專頁的名稱使進入粉絲專頁，在首頁處按下「建立活動」鈕，即可開始建立活動。或是在左側點選「活動」，即可按下：

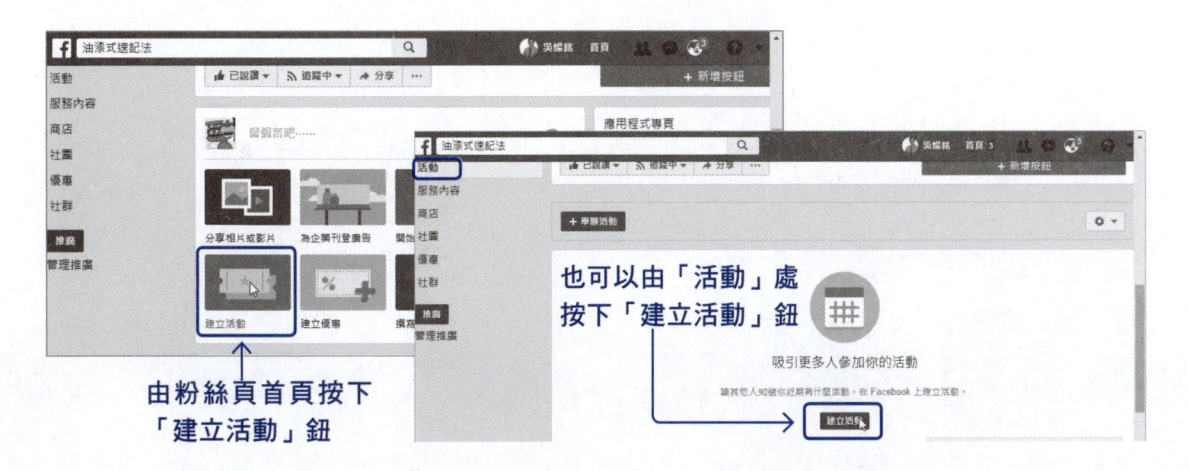

進入新活動的編輯視窗後，按下 ◎ 鈕上傳活動相片或影片，輸入活動名稱、地點、舉辦的頻率和開始時間，就可以發佈，如果有更詳細的活動類型、活動說明、關鍵字介紹，或是需要購置門票等，都可在此視窗中做進一步說明。

發佈活動訊息後，接著可以在 FB 上邀請好友們來參與，並透過 FB 宣傳活動訊息，管理者也可以透過調查統計的功能，讓好友們回覆參予活動的意願。另外，也可以將活動訊息分享到動態消息或分享到 Messenger 上，就可以讓更多人知道。

5-7 網路行銷的分析神器——Google Analytics

隨著數位時代的來臨，想要在這多變而快速的時代中，為企業或個人釐清數位經營的迷點，發掘問題點並找出未來先機，就必須要有數據做為參考，善用網站數據分析，絕對是網路行銷成功的關鍵因素，因為人們在網路上所有的行為，都可以透過工具捕捉到，每種數位行銷工具都會產生屬於這個平臺的數據，行銷人員必須要學習讀懂數據中隱藏的線索。

GA 是 Google Analytics 的縮寫，是一套由 Google 提供的網站數據分析工具，功能強大且免費使用。數據資料來自於數位網站平臺，這些數據都是自動產生，將這些數據資料加以蒐集、分析、善加利用，就可以從這些數據中找到消費者的趨勢，替企業和個人贏得先機，提升競爭力。行銷人員學會 GA 的建置與使用方法，不僅可以直接分析企業網站上的數據，進而對商品行銷提出最適當的策略，讓企業提高商品的銷售量，未來學習其他的分析工具也容易上手。

Google Analytics 是一個多管道程序分析工具，它能提供網站流量、訪客來源、訪客回訪、頁面拜訪次數等數據資料，完整分析訪客的行為，稱得上是全方位監控網站與 App 完整功能的必備網站分析工具，讓行銷人員可以解讀 GA 數字，剖析消費者行為，進而為企業營運的問題。

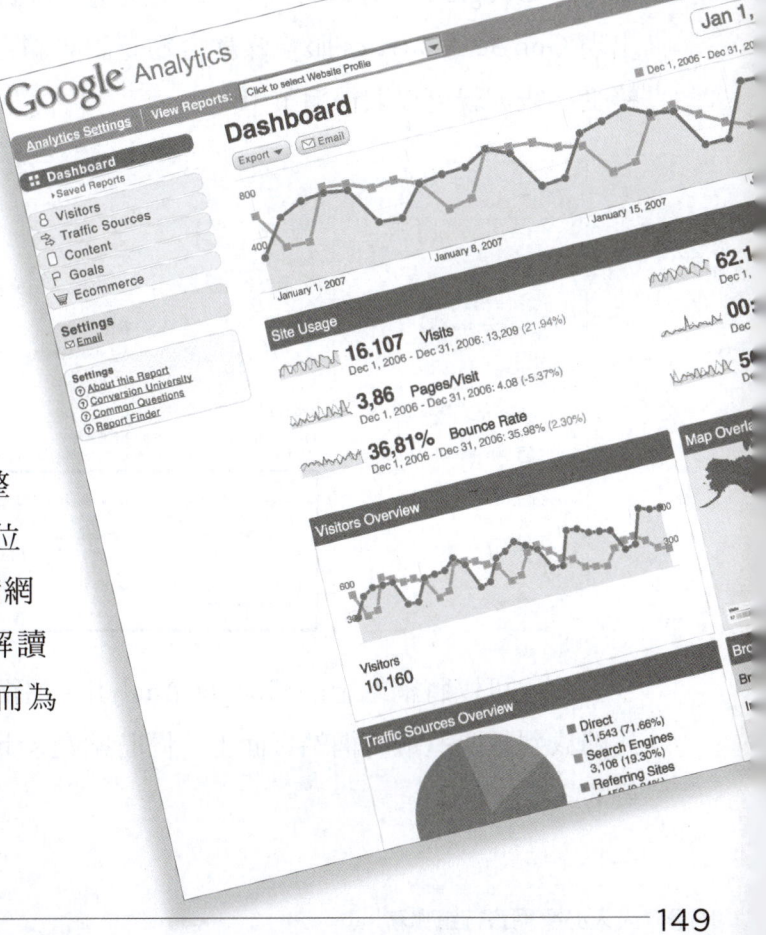

5-7-1 申請 Google Analytics

想要取得 Google Analytics 來分析網站的流量與各項數據,各位必須先申請 Google Analytics 帳號。請由 Google Chrome 瀏覽器的網址列輸入「http://analytics.google.com」網址,就會在官方網站上看到如下的三個步驟,請按下右側的「註冊」鈕先行註冊。

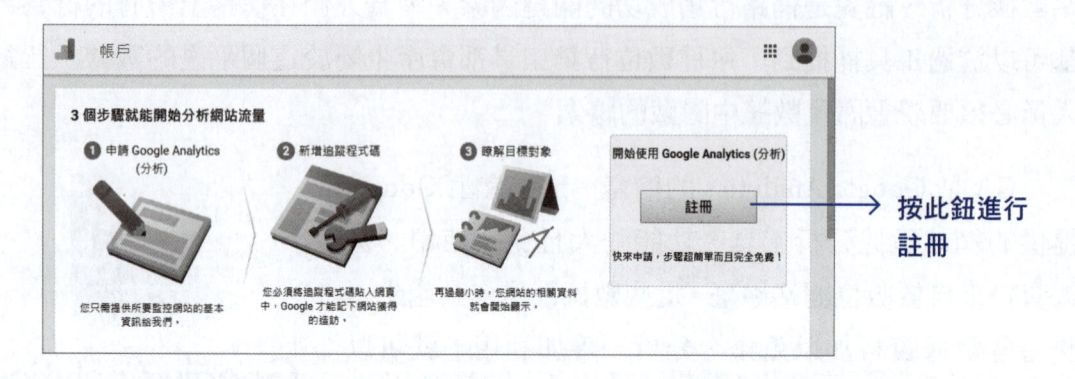

→ 按此鈕進行註冊

按下「註冊」鈕後接著要設定追蹤的項目,追蹤項目可為「網站」或是「行動應用程式」。以「網站」為例,請先填入帳號名稱、網站名稱等必要資訊,接著勾選 Google Analytics 的資料共用選項,確認後再按下「取得追蹤 ID」鈕。當出現 Google Analytics 服務條款合約時請詳讀合約內容,確認沒問題後按下「我接受」鈕,就可以取得追蹤 ID。

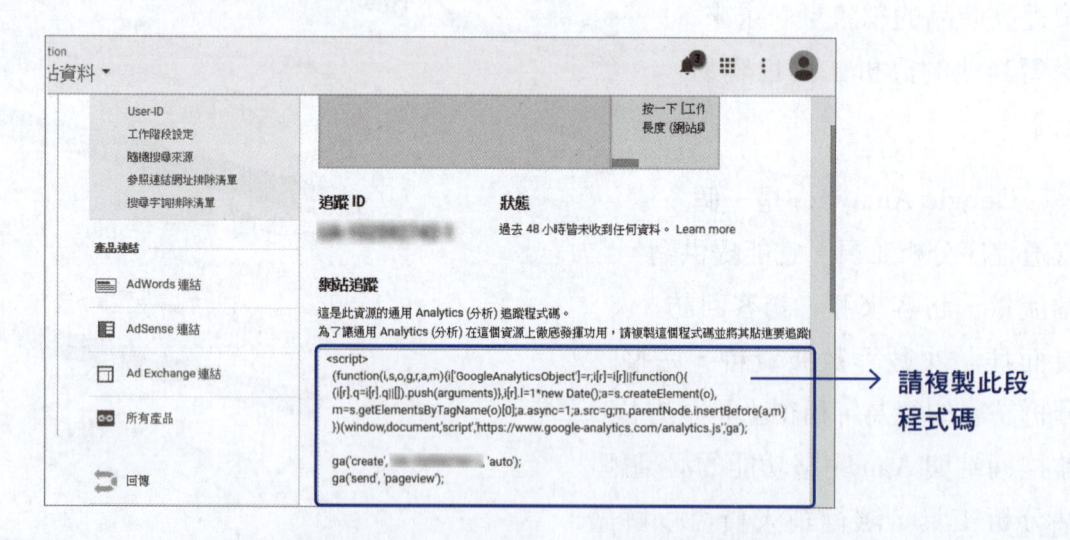

→ 請複製此段程式碼

各位可以將網站上的 Google Analytics 追蹤程式碼複製下來,並將此段的程式碼放到想要追蹤的網站頁面上,同時貼在 </head> 標籤前,如此就完成追蹤網頁的設定工作。

```
<script>
(function(i,s,o,g,r,a,m){i['GoogleAnalyticsObject']=r;i[r]=i[r]||function(){
(i[r].q=i[r].q||[]).push(arguments)},i[r].l=1*new Date();a=s.createElement(o),
m=s.getElementsByTagName(o)[0];a.async=1;a.src=g;m.parentNode.insertBefore(a,m)
})(window,document,'script','https://www.google-analytics.com/analytics.js','ga');

ga('create', 'XXXXXXXXXX', 'auto');
ga('send', 'pageview');

</script>
</head>
```

追蹤工作設定完成後,網站需要經過一段時間的資料蒐集,才能在 Analytics（分析）中看到網站活動的統計資料。

5-7-2 GA 功能區介紹

申請 GA 帳戶並完成追蹤網頁的設定工作後,網站便會開始蒐集所有訪客拜訪網站的完整過程與行為,包含網站上所提供的內容與各種功能,以及這些內容／功能與訪客間的互動紀錄。客戶在網站上所做的任何動作都會一一被記錄下來,這些紀錄便是對客戶的完整描述,從訪客所留下足跡與互動行為,便能得到許多有意義的資訊。

這些有意義的資訊包含了訪客是從哪個網路平臺上網,被哪個廣告所吸引,訪客所在的地理位置、語言、裝置、瀏覽器、年齡、性別、興趣…等等資料都可以在 GA 的「功能區」中查看得到。

GA 功能區位在網頁的左側,通常進入該網頁時都會顯示在「首頁」的類別。「首頁」是以圖表方式顯示各項資訊,能清楚了解目標對象、訪客造訪時段、客戶來源情況、使用者所在區域、使用裝置、所造訪的網頁……等資料,每個圖表右下方有連結可查看該項報表,如下圖所示。

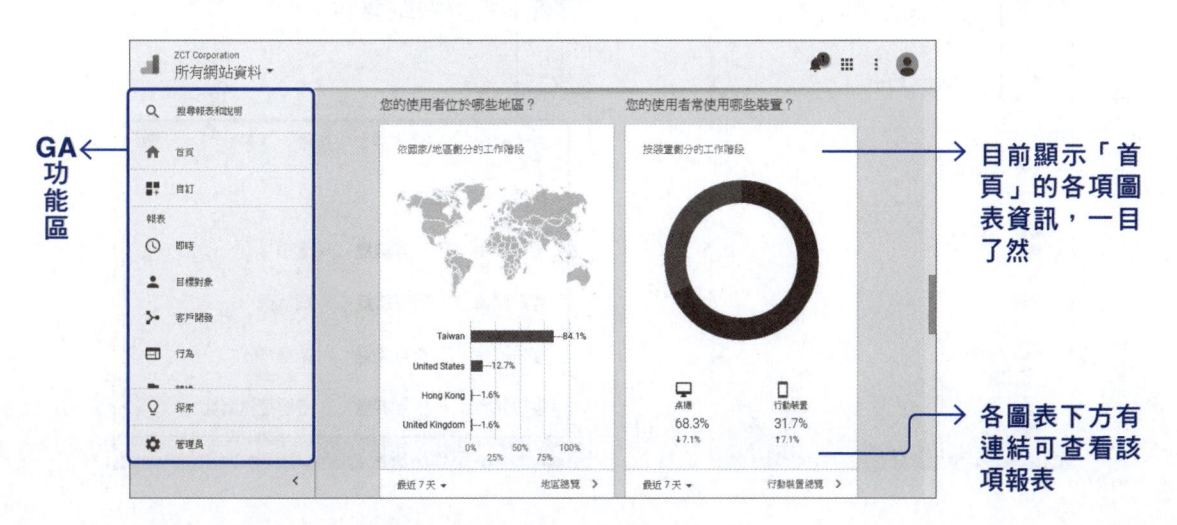

各位要查看各項報表數據，除了在「首頁」的各個圖表右下方按下連結的文字外，也可以在功能區的「報表」下直接點選各項報表類別，類別之下還有更多細項，直接點選各標題即可查看內容：

報表所提供的類別

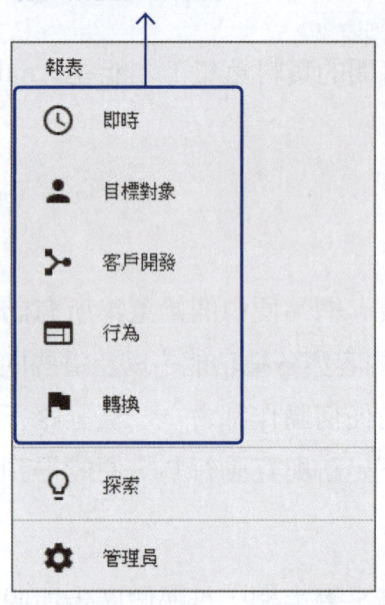

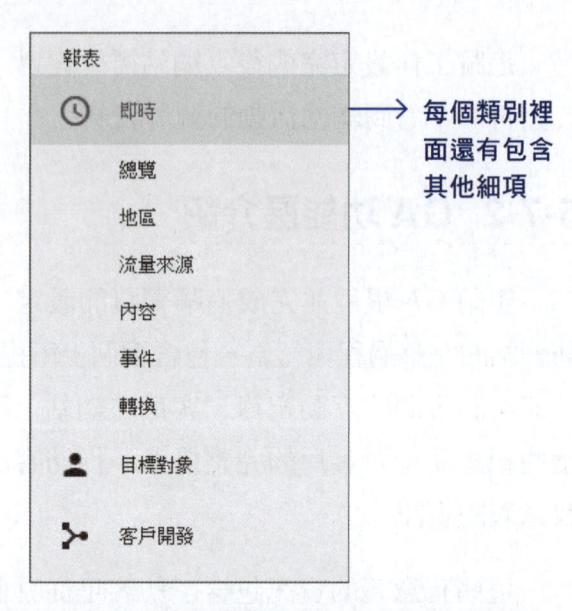

每個類別裡面還有包含其他細項

你也可以直接在「搜尋報表和說明」的欄位中直接輸入想要搜尋的關鍵字，網頁就會直接列出與該關鍵字相關的報表。如下所示是搜尋「流量」這個關鍵字所呈現的畫面：

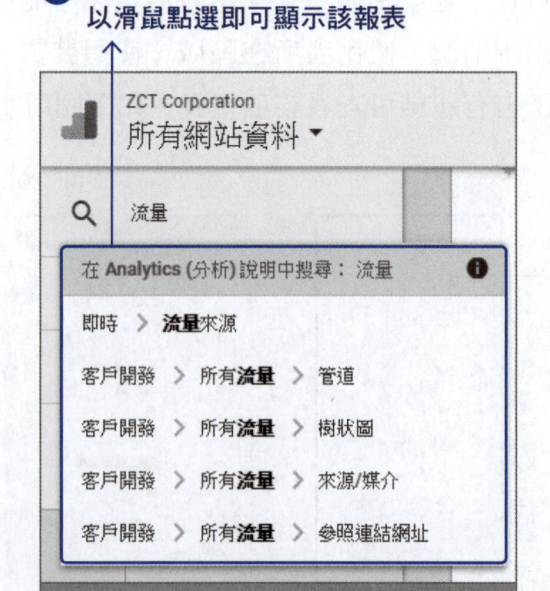

❶ 由此欄位輸入關鍵字「流量」

❷ 列出與該關鍵字相關的報表，以滑鼠點選即可顯示該報表

152　人人必學網路行銷實務

另外，GA 功能區還提供「自訂」功能，可以讓企業自訂最符合企業需求的報表。

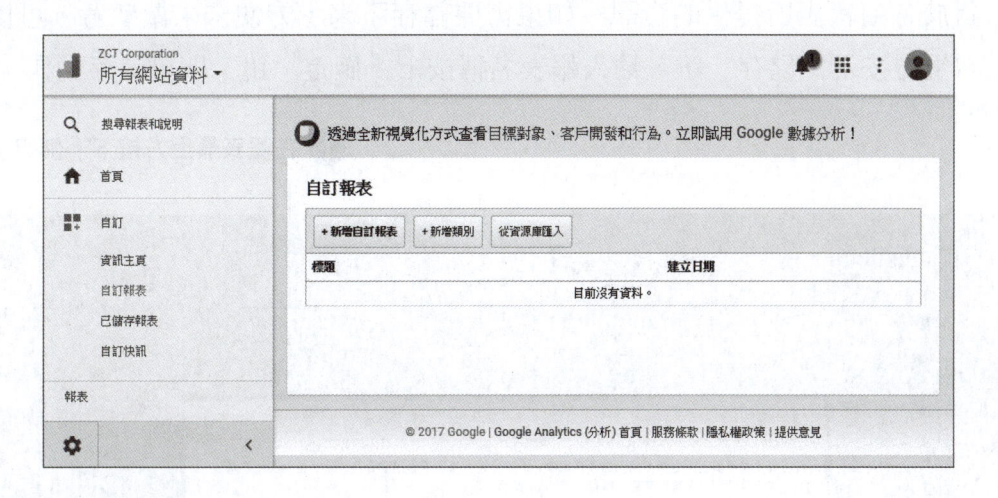

5-7-3 GA 報表判別流量來源

在 Google Analytics 分析中，判別流量來源的方式主要有三種，第一種是來自於搜尋引擎的流量（Organic Search），第二種是來自於搜尋引擎以外的伺服器流量（Referral），而無法歸類到以上兩種的流量則會以 Direct 和 None 顯示。以剛剛搜尋的「流量」為例，當各位選取「來源／媒介」，或是「GA 功能區」中切換到「報表／客戶開發／所有流量／來源／媒介」的類別，就可以清楚看出流量的來源與媒介。

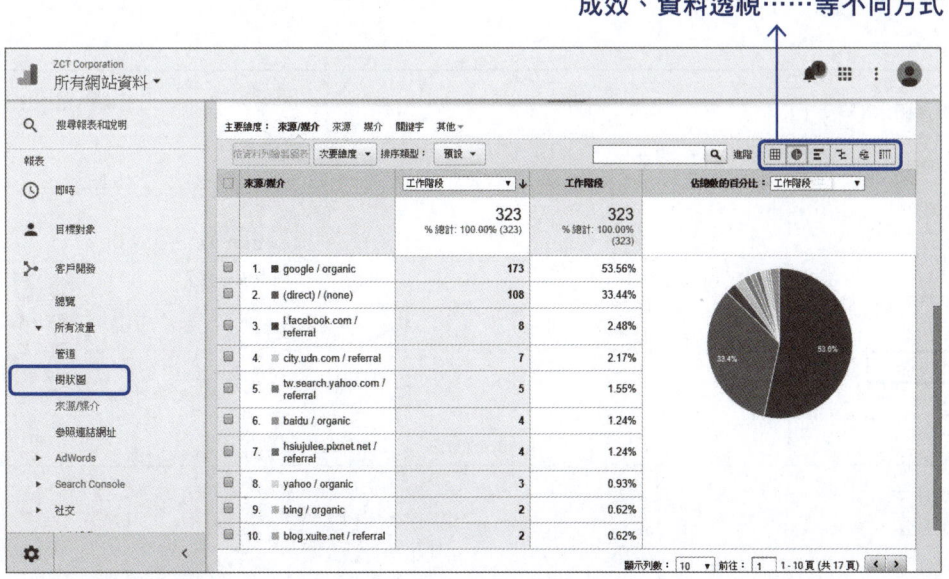

由此切換可顯示為資料、圖表、成效、資料透視……等不同方式

5-7-4 報表資料的儲存與匯出

對於各項報表所提供的資訊,如果需要儲存下來,方便未來做參考,可以在網頁右上方按下「儲存」鈕,輸入報表名稱按下「確定」鈕,即可儲存動作。

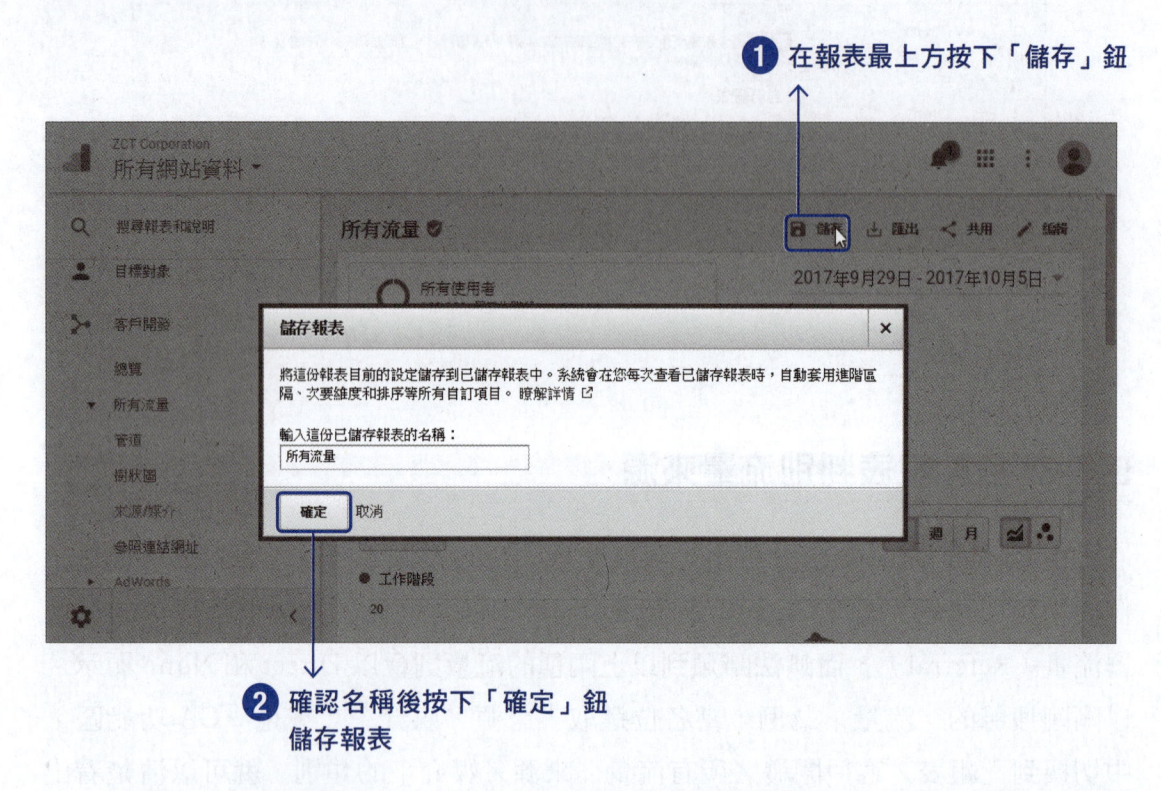

① 在報表最上方按下「儲存」鈕

② 確認名稱後按下「確定」鈕儲存報表

所儲存的報表會顯示在「自訂」類別的「已儲存報表」中,點選報表名稱即可開啟報表,後方的「動作」鈕也可以進行資料的檢視,或做「更名」與「刪除」等動作。

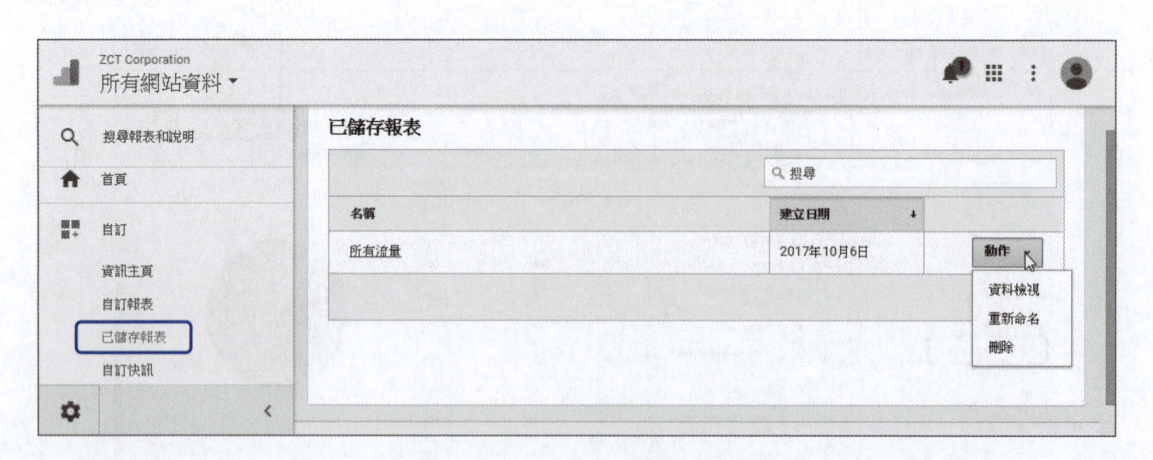

如果要匯出報表，由該網頁右上方按下「匯出」鈕可以選擇 PDF、Google 試算表、Excel 或 CSV 等格式。以匯出 PDF 為例，檔案自動下載到本機電腦的「下載」資料夾中。

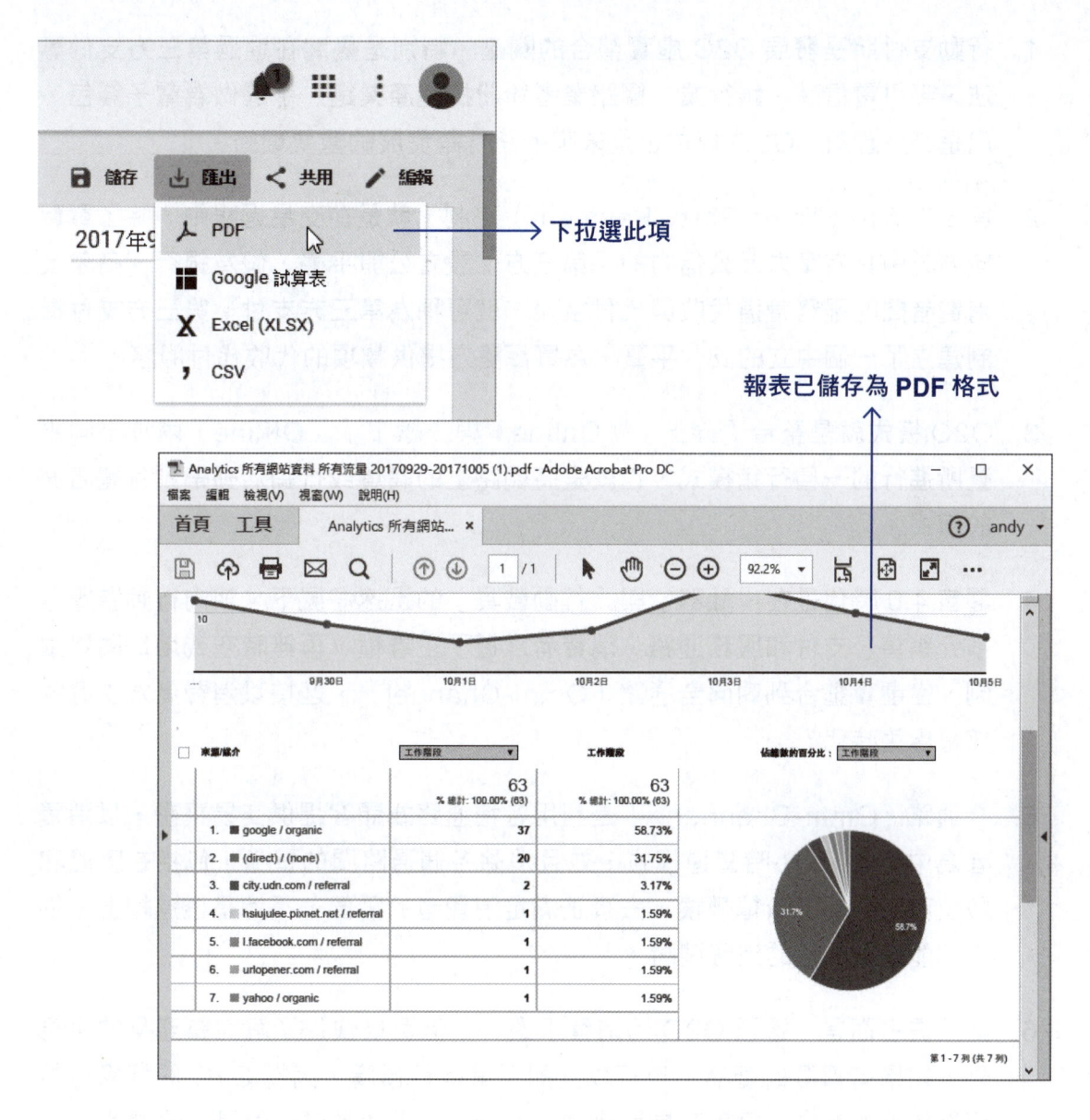

重點整理

1. 行動支付將是發展 O2O 虛實整合的關鍵,特別是臺灣在通過第三方支付專法,吸引電信商、銀行業、網路業者紛紛搶進產業鏈,手機做為電子錢包,已是必然趨勢,O2O 模式也是未來網路行銷發展的重要環節。

2. 第三方支付(Third-Party Payment)機制,就是在交易過程中,除了買賣雙方外由具有實力及公信力的「第三方」設立公開平臺,做為銀行、商家及消費者間的服務管道代收與代付金流,就可稱為第三方支付。第三方支付機制建立了一個中立的支付平臺,為買賣雙方提供款項的代收代付服務。

3. O2O 模式就是整合「線上」(Online)與「線下」(Offline)兩種不同平臺所進行的一種行銷模式,也就是將網路上的購買或行銷活動帶到實體店面的模式。

4. 零售 4.0 時代是在「社群」與「行動載具」的迅速發展下,朝向行動裝置等多元銷售、支付和服務通路,消費者掌握了主導權,再無時空或地域國界限制,從虛實整合到朝向全通路(Omni-Channel),迎接以消費者為主導的無縫零售時代。

5. 全通路(Omni-Channel)則是利用各種通路為顧客提供交易平臺,以消費者為中心的 24 小時營運模式,並且消除各個通路間的壁壘,包括在實體和數位商店之間的無縫轉換,去真正滿足消費者的需要,不管是透過線上或線下都能達到最佳的消費體驗。

6. 對消費者而言,透過 O2O 的消費平臺,不但可以快速了解完整產品的訊息外,如果有喜歡的產品,也可以立即下單進行預購,因為 O2O 的好處在於訂單於線上產生,每筆交易可追蹤,也更容易溝通及維護與用戶的關係。

7. 網路商店與實體商店最大差別就是無法提供產品觸摸與逛街的真實體驗,未來虛擬實境更具備了顛覆電子商務的潛力。

8. 大數據的運用將不只被拿來當精準廣告投放,更可以協助擬定最源頭的行銷策略,當大數據結合了網路行銷,將成為最具革命性的行銷大浪潮。

9. 大數據（又稱大資料、大數據、海量資料、Big Data），由 IBM 於 2010 年提出，大數據不僅僅是指更多資料而已，主要是指在一定時效（Velocity）內進行大量（Volume）且多元性（Variety）資料的取得、分析、處理、保存等動作，主要特性包含三種層面：大量性（Volume）、速度性（Velocity）及多樣性（Variety）。

10. 透過大數據分析資料，目標族群每分每秒的網路行為都能被忠實記錄，進一步了解產品購買和需求的族群是哪些人，並轉化成有效的行銷策略。

11. 社群網路服務（Social Networking Service, SNS）就是 Web 2.0 體系下的一個技術應用架構，是基於哈佛大學心理學教授米爾格藍（Stanely Milgram）所提出的「六度分隔理論」（Six Degrees of Separation）運作。這個理論主要是說在人際網路中，要結識任何一位陌生的朋友，中間最多只要通過六個朋友就可以。

12. 隨著各類部落格及社群網站（SNS）的興起，網路傳遞的主控權已快速移轉到網友手上，使資訊有機會觸及更多更廣的群眾。

13. 從行銷的角度來說，分享是銷售的最終極武器，根據最新的統計報告，有 2/3 美國消費者購買新產品時會先參考社群上的評論，網路社群的特性是分享交流，粉絲到社群是來分享心情，而不是來看廣告。

14. 臉書中最夯的趨勢就是「視訊直播」，除了可以和網友即時分享生活的精彩片段與樂趣外，儼然已經成為商品銷售的大平臺。

15. Google Analytics 是一個多管道程序分析工具，它能提供網站流量、訪客來源、訪客回訪、頁面拜訪次數等數據資料，完整分析訪客的行為，稱得上是全方位監控網站與 App 完整功能的必備網站分析工具，讓行銷人員可以解讀 GA 數字，剖析消費者行為，進而為企業營運的問題。

16. GA 功能區位在網頁的左側，通常進入該網頁時都會顯示在「首頁」的類別。「首頁」是以圖表方式顯示各項資訊，能清楚了解目標對象、訪客造訪時段、客戶來源情況、使用者所在區域、使用裝置、所造訪的網頁……等資料。

Chapter 05　Q&A 習題

一、選擇題

( )　1. 請問目前是什麼時代？正朝向行動裝置等多元銷售和服務通路，為了兼顧實體通路與虛擬通路，開始出現整合的需求。
(A) 零售 3.0　(B) 零售 4.0　(C) 零售 5.0　(D) 零售 6.0。

( )　2. 以下哪一種不是社群行銷的特性？
(A) 分享性　(B) 多元性　(C) 黏著姓　(D) 複製性。

( )　3. 寶可夢（Pokemon Go）行銷是使用以下哪種技術
(A)VR　(B)AR　(C)MR　(D)QR。

( )　4. 以下哪種不是大數據的主要特性？
(A) 大量性　(B) 速度性　(C) 多樣性　(D) 混合性。

( )　5. 臉書粉絲專頁的類別目前分為六大類，以下哪一項不是？
(A) 政府與公務機關　　　　(B) 地方性商家或地標
(C) 公司組織或機構　　　　(D) 品牌或商品。

二、問答題

1. 何謂第三方支付（Third-Party Payment）機制？

2. 請簡介離線商務模式（Online To Offline：O2O）與優點。

3. 零售 4.0 與全通路（Omni-Channel）是什麼概念，請簡單說明。

4. 請簡介擴增實境（Augmented Reality, AR）。

5. 請簡述大數據（又稱大資料、大數據、海量資料，Big Data）及其特性。

6. 請簡述行銷與大數據的關係。

7. 請簡介社群網路服務（Social Networking Service, SNS）與「六度分隔理論」。

8. 請簡述社群行銷（Social Media Marketing）。

9. 請問社群行銷有哪四種重要特性？

10. 請問如何增加粉絲對品牌的黏著性？

11. 請簡述如何在臉書上使用視訊直播功能。

12. 請簡介 Facebook「動態消息」的行銷功能。

13. 請問如何從自己經營的粉絲頁上發佈相片或影片？

14. 請問直播行銷的好處是什麼？

15. 粉絲專頁分成哪幾類？

16. 請簡述如何在臉書辦活動。

17. 請簡介 Google Analytics（GA）。

06 年輕人最夯的 Instagram 行銷

每個社群網站都有其所屬的主要客群跟使用偏好,不可否認,現代社會每一個人對於社群的喜好及參與方式都略有不同,在擬定社群行銷策略時,你必須要注意「受眾是誰」、「用哪個社群平臺最適合」。如果各位想要經營好年輕族群的社群行銷,一定要知道最近相當流行的 Instagram。

Instagram 是一款免費提供線上圖片及視訊分享的社交應用軟體,只有短短幾年卻吸引廣大用戶,愈來愈多人選擇在 Instagram 上搜尋以及發佈資訊,也成為重要的行銷工具。本章將會討論目前 Instagram 行銷的相關技巧與操作方法。

- 尋找要追蹤的朋友
- 開啟貼文通知功能
- 瀏覽相片、多張相片/影片、視訊
- 相片編修、分享與標註
- 濾鏡應用與編修技巧
- 「BOOMERANG」和「超級變焦」拍攝創意影片
- 拍攝倒轉影片
- 拍攝多重影像重疊畫面
- 限時訊息悄悄傳
- 典藏限時動態
- Instagram 行銷要訣
- 連結其他社群網站帳號
- 交叉推廣,將商品延伸至其他用戶

Instagram 是目前最強大社群行銷工具之一，Instagram 專注於圖片和影片分享的社群媒體，全球擁有超過 9 億的用戶數，在眾多社交平臺中和追蹤者互動率最高的平臺，2017 年 Instagram 每月活躍用戶已經超過 6 億，絕對有助於為品牌和產品帶來更好的市場推動力。

對行銷人員而言，需要關心 Instagram 的原因是能協助接觸潛在受眾的機會，尤其是 15～30 歲的受眾群體。根據《天下雜誌》調查，Instagram 在臺灣 24 歲以下的年輕用戶占 46.1％。

許多年輕人幾乎每天一睜開眼就先上 Instagram，關注朋友們的最新動態，使用者可以利用智慧型手機所拍攝下來的相片，透過濾鏡效果處理後變成美美的藝術相片，不但可以加入心情文字，也可以隨意塗鴉讓相片更有趣生動，然後分享到 Facebook、Twitter、Flickr、Swarm、Tumblr……等社群網站。

由於藝術特效的加持，它讓使用者輕鬆地捕捉瞬間的訊息再與朋友分享，也可以追蹤親友並了解他們的近況，還能探索全球各地的帳號，從中瀏覽自己喜歡的事物。

Gap 透過 Instagram 行銷發佈時尚潮流短片，引起廣大熱烈迴響

Instagram 的崛起，代表用戶對於影像社群的興趣開始大幅提升，Instagram 比較適合擁有實體環境展示空間的產品，大量的產品和配件可以在同一個畫面中顯示的品牌，尤其是經營與時尚、旅遊、餐飲等產業相關的品牌。

例如服飾配件這些商品可以被實境展示，便很適合使用 Instagram。Instagram 主要在 iOS 與 Android 兩大作業系統上使用，也可以在電腦上做登錄，用以查看或編輯個人相簿。

安裝 Instagram 電腦版可按此圖示

這一章節我們將針對 Instagram 的拍照功能與使用技巧跟大家作介紹，除此之外還會說明分享相片、影片的方式，以及如何使用 Instagram 做行銷，讓各位輕鬆打入年輕族群的社群網站，為自己的商品增加曝光機會。

6-1 與 Instagram 第一次接觸

Instagram 是所有社群中和追蹤者互動率最高的平臺，Instagram 操作相當簡單，而且具備即時性、高隱私性與互動性，交流相當方便，時下許多年輕人會發佈圖片搭配簡單的文字來抒發心情。

如果您還未使用過 Instagram，這裡會告訴各位如何從手機下載與登錄程式，同時學習到如何追蹤朋友、編輯摯友名單、搜尋關鍵字／主題標籤、瀏覽相片／影片、按讚、留言或珍藏相片／影片。

6-1-1 從手機下載與登錄 Instagram

智慧型手機是人人隨身攜帶且進行各項溝通的重要工具，使用 Instagram 的第一步，就是開通帳號，想要由手機下載 Instagram 程式以便和年輕族群進行互動，請透過手機的 Play 商店搜尋「Instagram」關鍵字，找到該程式後按下「安裝」鈕即可進行安裝。安裝完成桌面上就會看到 ⬚ 圖示鈕。

首次使用 Instagram 登錄，可以選擇以 Facebook 帳號或是以電話號碼、電子郵件來註冊。Instagram 較特別的地方是「用戶名稱」可以和姓名不同，用戶名稱隨時可做更改，因為它是跟你註冊的信箱綁在一起，所以當各位註冊後，就會收到一封確認信函要你確認電子郵件地址。當你發表相片或到處按別人愛心時，就會以「用戶名稱」顯示。

🎧 LG 使用 Instagram 行銷帶動 LG 新手機上市熱潮

以 Facebook 帳號進行登錄時，Instagram 會貼心地告知哪些臉書朋友也有使用 Instagram，方便使用者進行「追蹤」的設定，也可以一併「邀請」臉書上的朋友一起來使用 Instagram，註冊完成即可透過手機來查看朋友的相片和影片。

↑ 按下藍色按鈕就可以對臉書朋友進行「追蹤」或「邀請」

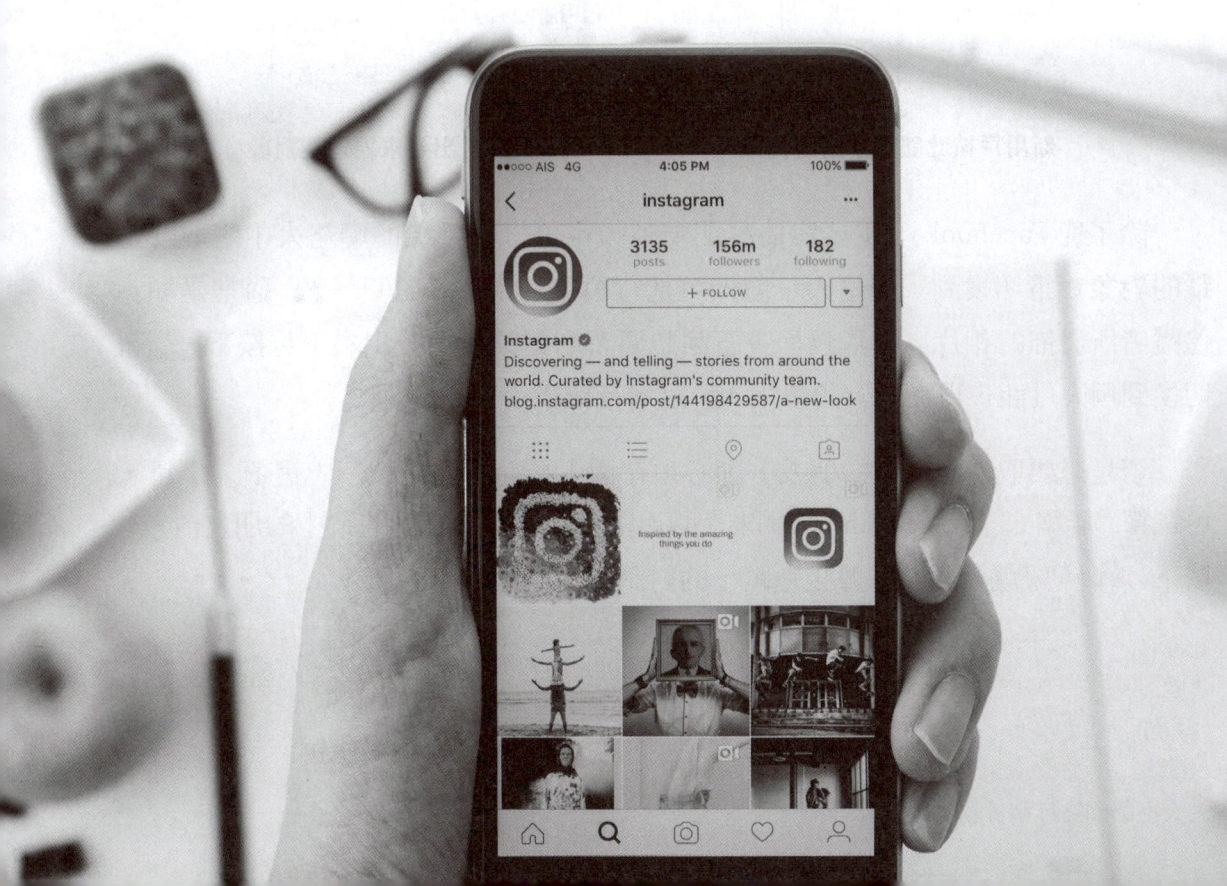

6-1-2 尋找要追蹤的朋友

進入 Instagram 程式後，首先看到的是「首頁」 畫面，第一次使用 Instagram 的用戶可按下頁面中「尋找要追蹤的朋友」鈕即可找尋有興趣的對象來進行追蹤。已是臉書上的朋友，按下 追蹤 鈕會變成 追蹤中 的狀態，如果不是朋友關係就必須得到對方的同意，所以按鈕會呈現 已要求 狀態。如右下圖所示：

新用戶按此鈕尋找追蹤對象　　　　　　　發出要求給追蹤對象

除了從 Facebook 上邀請與追蹤朋友外，也可以從手機的聯絡人中選取要追蹤的對象，請切換到「聯絡人」處即可進行設定。由於「首頁」 通常是顯示追蹤者所發佈的相片／影片頁面，下回想要新增追蹤對象，由右下方按下 鈕切換到個人頁面，再從右上角按下 鈕進行新增。

若是想要取消已追蹤的朋友，則必須在個人頁面右上角按下「選項」 鈕，再選擇「聯絡人」或「Facebook 朋友」的追蹤用戶，才能看到追蹤中的朋友清單。按下 追蹤中 鈕就會顯示「停止追蹤」的對話方塊。如右下圖所示：

顯示手機中的聯絡人資訊　　由選項頁面才可看到追蹤的用戶

6-1-3　編輯摯友名單

　　Instagram 是一個提供相片或視訊分享的社交應用軟體,它允許你選擇是否要讓照片公開或不公開,如果將自己用心拍攝的圖片加上發文至行銷活動中,對於提升粉絲的品牌忠誠度來說則有相當的幫助。例如相片若設為公開,那麼大家可以依據你的標籤內容而找到你的帳號,同時對你的照片按愛心,照片若為不公開,那麼只有追蹤你的人才可以看到。

　　各位所拍攝的相片／視訊如果只想和幾個好朋友分享與行銷,那麼可以透過「摯友名單」的功能來建立。所建立的摯友清單只有自己知道,Instagram 並不會傳送給對方。唯有當你分享內容給摯友時,他們才會收到通知,而在相片或影片上會加上特別的標籤,收到分享的好友們並不會知道你有傳送給哪些人分享,所以相當具有隱密性。這項功能適合用在限時動態或特定貼文的分享。

★ 星巴克經常在 Instagram 上推出促銷活動

請切換到個人頁面 👤，按下中間的 ☆ 鈕會看到左下圖的頁面，按「立即建立摯友名單」的連結會進入右下圖，透過「搜尋」欄搜尋朋友名字，再依序「新增」朋友帳號即可。你也可以透過「選項」⋮鈕，找到「編輯摯友名單」的功能來進行編輯。

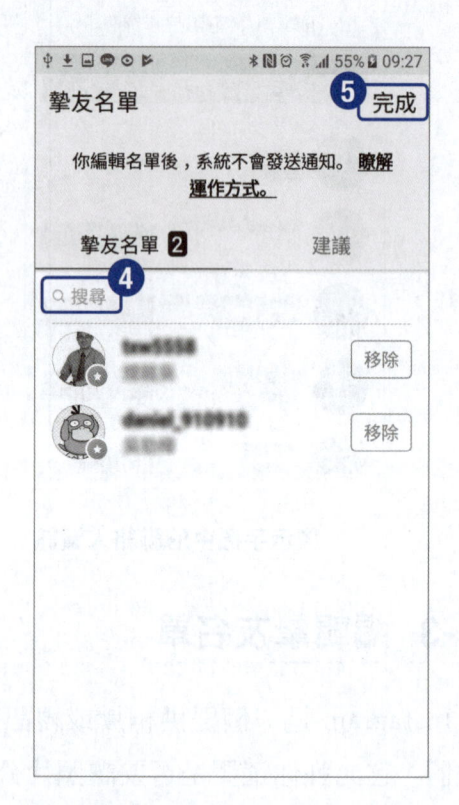

6-1-4 開啟貼文通知功能

不想錯過好朋友所發佈或行銷的任何貼文，可以在找到好友帳號後，從其右上角按下「選項」⋮鈕，並在跳出的視窗中點選「開啟貼文通知」的選項，這樣好友所發佈的任何消息就不會錯過。

同樣地，想要關閉該好友的貼文通知，也是同上方式在跳出的視窗中點選「關閉貼文通知」指令就可完成。

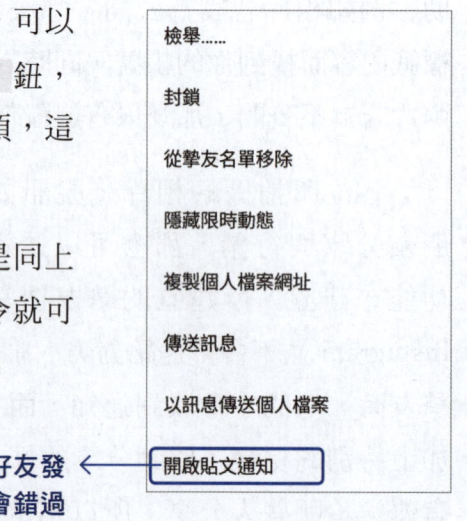

點選此項，好友發佈貼文都不會錯過

168　人人必學網路行銷實務

6-1-5 搜尋關鍵文字與主題標籤（#）

　　Instagram 除了追蹤親友了解他們的近況外，也可以在全球的帳戶中進行探索，請在頁面下方按下「搜尋」🔍鈕，接著在最上方的搜尋欄上輸入想要搜尋的關鍵文字，就能在顯示的清單中快速找到相關的帳戶。如下所示，如果想找明星「莫文蔚」，輸入「莫文」二字，即可看到「莫文蔚」了。

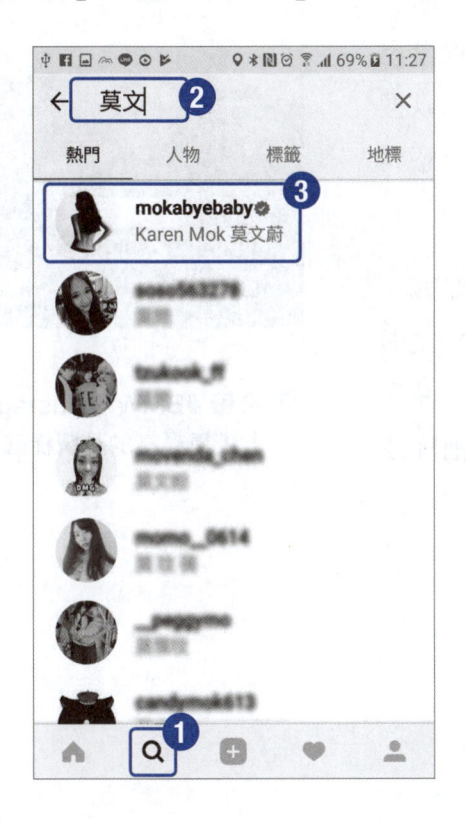

在進行搜尋時，除了像剛剛所使用的「關鍵」文字外，也可以使用「標籤」方式。無論是在 Instagram 發佈圖片或影片，都可以在內文中使用標籤，能夠讓使用者將有興趣的主題有效連結，只要在字句前加上 #，便形成一個標籤，用以搜尋主題。標籤是全世界 Instagram 用戶的共通語言，使用者可以在貼文裡加上別人會聯想到自己的主題標籤，透過標籤功能，所有用戶都可以搜尋到你的貼文，你也可以透過主題標籤找尋感興趣的內容。

當各位努力設計一個具有品牌特色的標籤，相關程度較高的標籤毫無疑問地能為你的貼文與品牌帶來更多的曝光機會。如下所示，輸入「# 高雄」，那麼所有貼文中有「高雄」二字的相片或影片，都會被搜尋到。

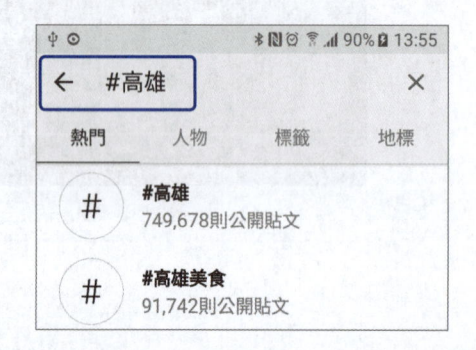

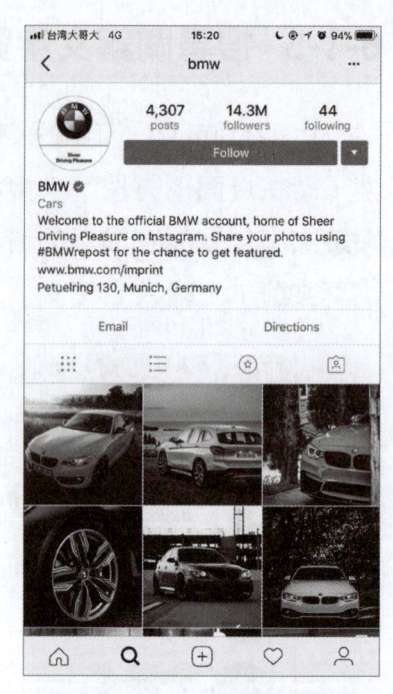

🔗 標籤 #BMW 是 Instagram 上人氣最高的品牌標籤之一

6-1-6 瀏覽相片、多張相片／影片、視訊

當各位搜尋任何主題或關鍵字後，頁面中央會以格子狀的縮圖顯現所有貼文，或是該帳戶使用者已上傳分享的相片／影片。眼尖的讀者們可能發現，在格子狀的縮圖右上角還有不同的小圖示，它們分別代表著相片、多張相片／影片、視訊。

表示視訊影片　　表示包含多張相片／影片

沒有標記的就是單張相片

對於貼文中包含多張的相片／影片，在點進去後只要利用指尖左右滑動，就可以進行切換。

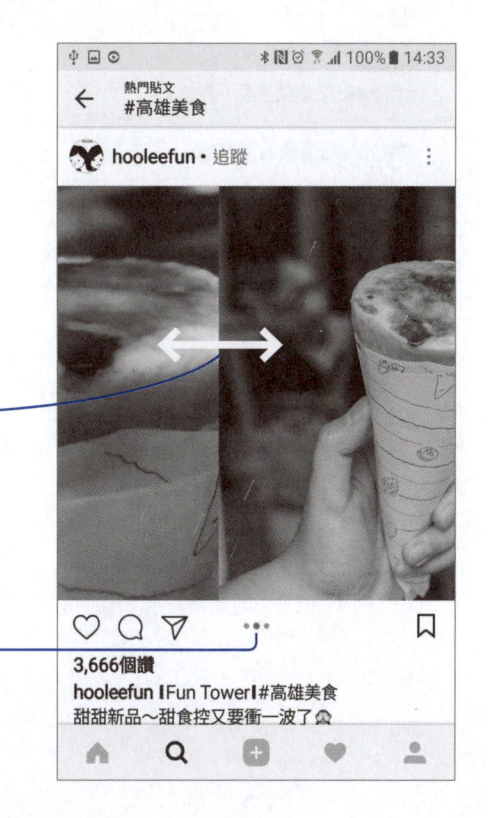

以手指左右滑動，就可切換到前／後張的相片或影片

顯示本貼文所包含的相片／影片數

6-1-7 按讚與留言

對於他人所分享的相片／影片，如果喜歡的話可在相片／影片下方按下 ♡ 鈕，它會變成紅色的心型 ♥，這樣對方就會收到通知。如果想要留言給對方，則是按下 ◯ 鈕，就可以在「留言回應」的方框中進行留言。

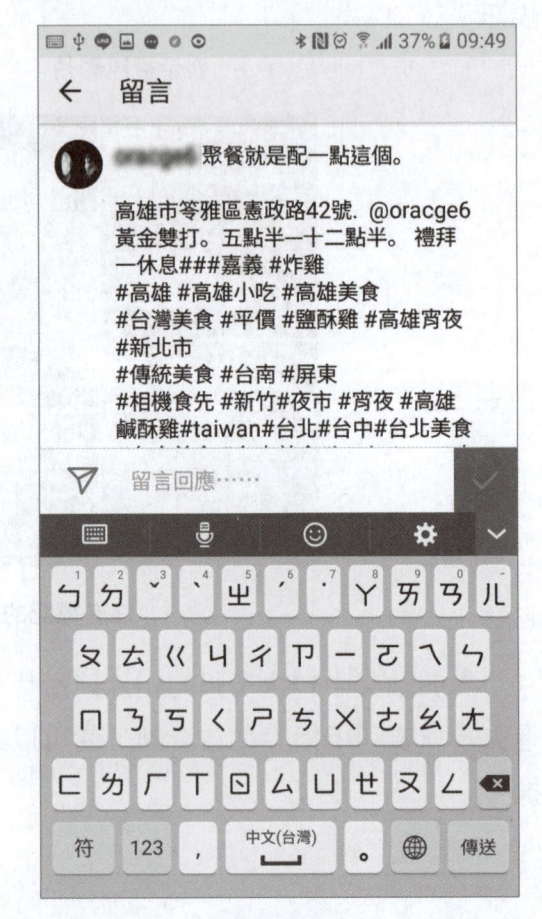

按讚與留言　　　　　　　　　　留言視窗

各位可以發現，右上圖的貼文中還包含了很多的標籤「#」，這樣當使用者進行主題探索時，只要輸入與上面所列的任一文字，就有可能被用戶搜尋到。

6-1-8 儲存珍藏

在探索主題或是瀏覽好友的貼文時,對於有興趣的內容也可以將它珍藏起來。請在相片右下角按下 ▢ 鈕使變成實心狀態 ▣ 就可搞定。貼文被儲存時,系統並不會發送任何訊息通知給對方,所以想要保留暗戀對象的相片也不會被對方發現。

如果想要查看自己先前所珍藏的相片,請切換到個人頁面 👤,按下右上方的 ▢ 鈕就會顯示「我的珍藏」頁面。如右下圖所示:

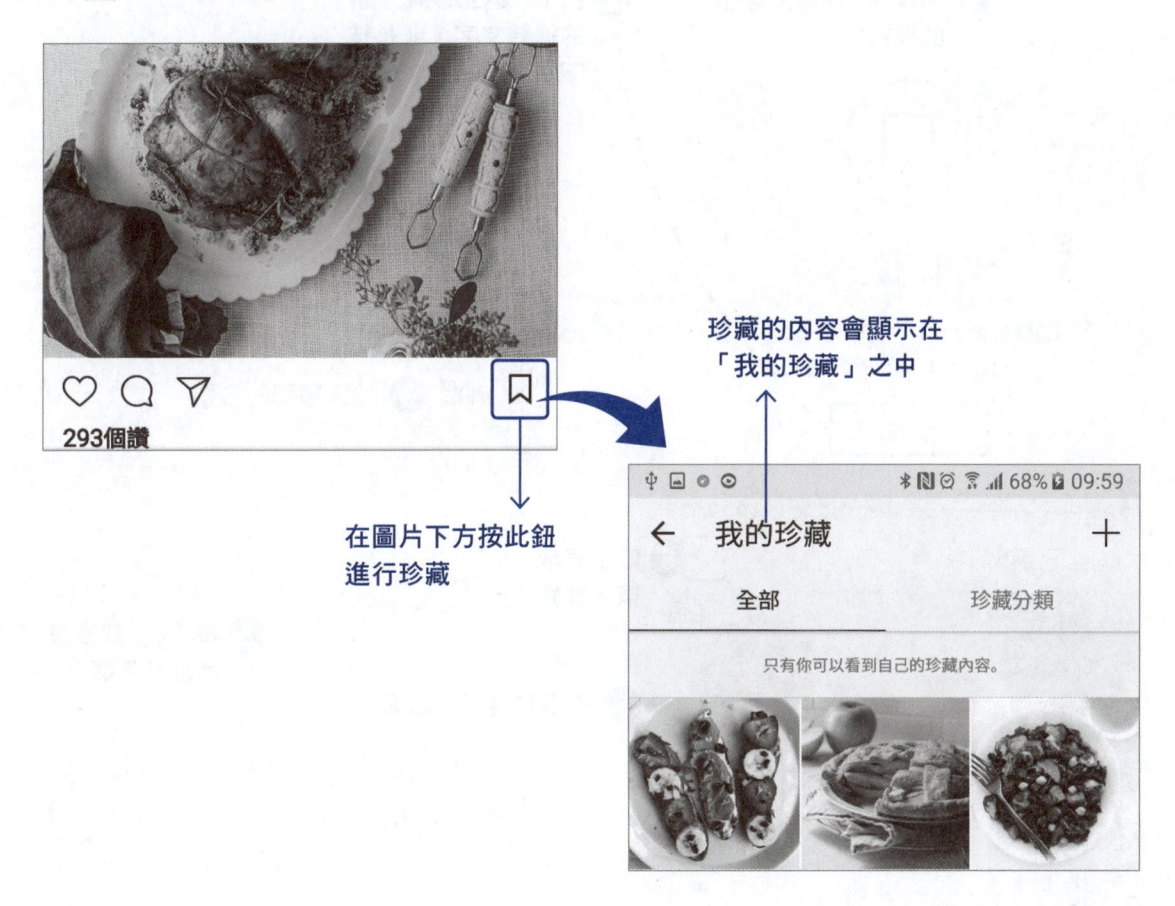

珍藏的內容會顯示在「我的珍藏」之中

在圖片下方按此鈕進行珍藏

6-1-9 儲存珍藏分類

所珍藏的內容只有自己看得到，如果珍藏的東西愈來愈多時，可在「珍藏分類」的標籤建立類別來分類珍藏。設定分類的方式如下：

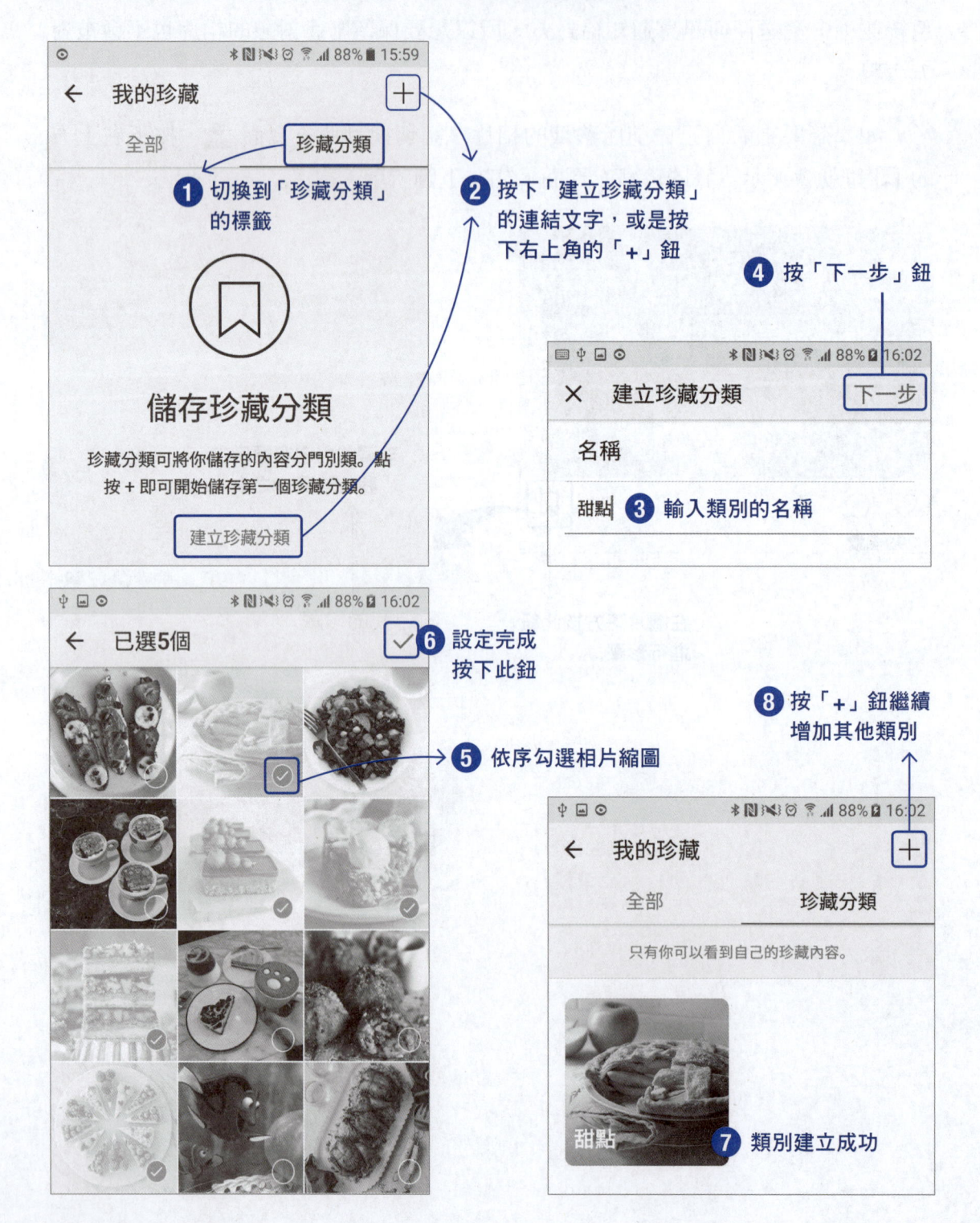

1. 切換到「珍藏分類」的標籤
2. 按下「建立珍藏分類」的連結文字，或是按下右上角的「+」鈕
3. 輸入類別的名稱
4. 按「下一步」鈕
5. 依序勾選相片縮圖
6. 設定完成按下此鈕
7. 類別建立成功
8. 按「+」鈕繼續增加其他類別

6-2 相片編修與分享

對於現代年輕人而言，圖像比文字易於吸引也更能溝通，對於可能的年輕客群而言，第一眼視覺接觸往往直接反應喜好與否，對於 Instagram 行銷而言，學會主題的搜尋、相片／影片瀏覽，就能自行編輯摯友的名單，接下來就要學習相片的編修與分享，讓每個精彩片段都能與好友或他人分享。

6-2-1 開始分享相片／影片

想要進行相片或影片的分享，請切換到個人頁面 👤，按下「分享第一張相片或影片吧！」的超連結，就可以開始從手機的「圖庫」中找尋已拍攝的影片或視訊。貼文中可以一次放置十張的相片或影片，如要放置多個請點選 「選擇多個」鈕，再從下方的縮圖中進行圖片的點選。

Instagram 有非常強大的濾鏡功能，使它快速竄紅成近幾年的人氣社群平臺，並且累積大量的用戶。當各位選取素材後進入「下一步」會看到濾鏡的設定，各位可以透過指尖左右滑動來套用各種效果，它會立即顯示在相片上。

接著「下一步」就是設定貼文內容、標註人名與標註地點，如果只是要與摯友分享請開啟該功能，若是要分享到 Facebook、Twitter、Tumblr 等社群網站，則是在下方進行點選使開啟該功能，按下「分享」鈕相片／影片就傳送出去了。

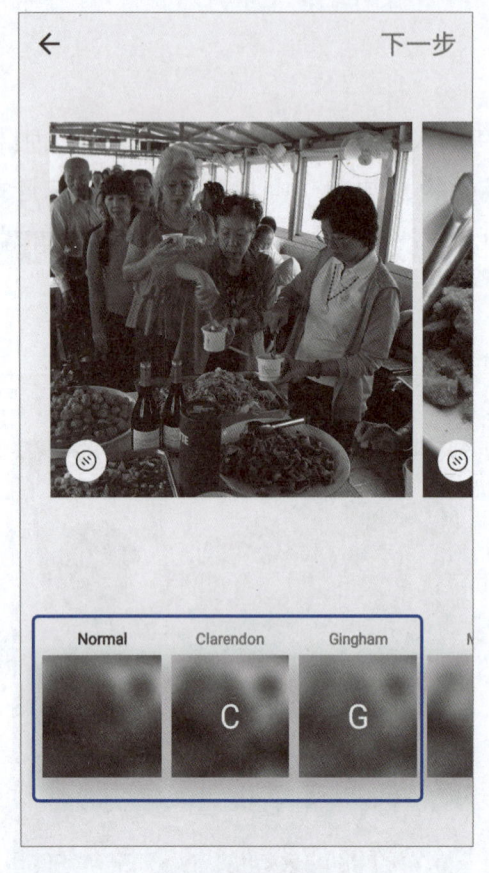

濾鏡效果的選取

人物／地點標記與分享對象設定

176　人人必學網路行銷實務

6-2-2 相片編修與標註人物

如果各位有在經營 Instagram 的話,掌握如何使用圖片在 Instagram 上吸引粉絲或好友的注意是十分重要的,尤其是當你的目標群眾是年輕一族,除了透過個人頁面 👤 開始分享相片和影片外,也可以利用下方的 ➕ 進行相片/影片的編修與人物標記。

點選 ➕ 後可在視窗下方的「圖庫」選取以前所拍攝的相片/影片,也可以立即進行「相片」拍照或「影片」錄製(如左下圖所示)。假如選取的是相片,那麼可為相片加入濾鏡效果,或是按下「編輯」鈕進行調整、亮度、對比、結構、暖色調節、飽和度、顏色、淡化、亮度、陰影、暈映、移軸鏡頭、銳化……等各種編輯動作(如右下圖所示)。若是為拍攝的影片,除了套用濾鏡的效果外,還可為影片加入封面。

由「圖庫」選取現有相片/影片,或是按「相片」進行拍照,按「影片」進行攝影

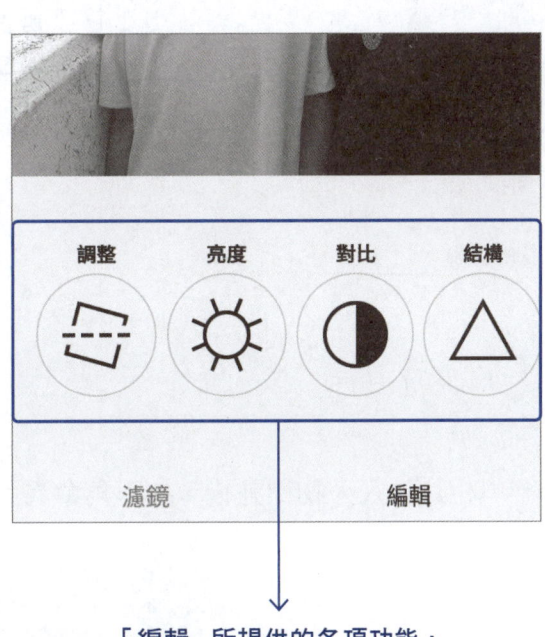

「編輯」所提供的各項功能,以指尖左右滑動進行切換

「編輯」所提供的各項功能,基本上是透過滑動進行調整,滿意變更的效果則按下「完成」鈕確定變更。

如果想為相片中的人物進行標註，可在左下圖中按下「標註人名」就會看到右下圖的畫面，在欲標籤的人物上按一下，會看到「這是誰？」的黑色標籤，各位可在上方的「搜尋用戶」中輸入人名，下方會列出相關的搜尋結果，點選後黑色標籤就會自動填入該帳戶的名稱。

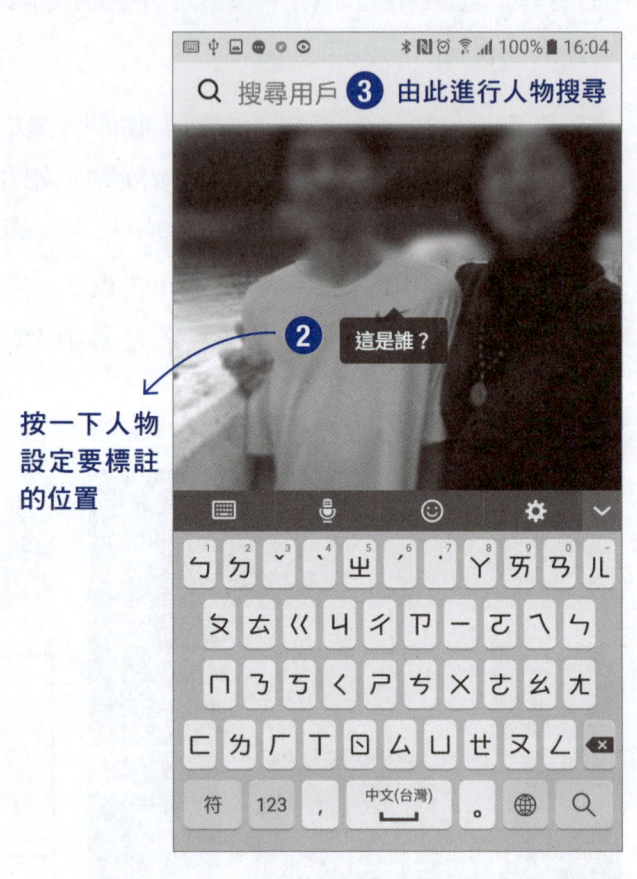

相片加入人物標註後，左下角會看到 ⊙ 鈕，人物上就會顯示該帳戶名稱囉！

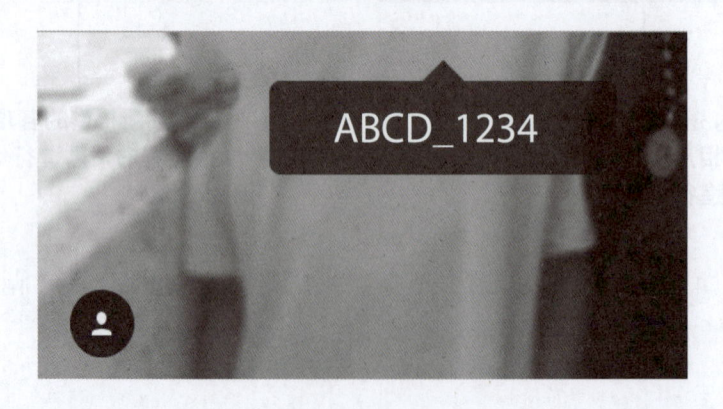

6-2-3 濾鏡應用與編修技巧

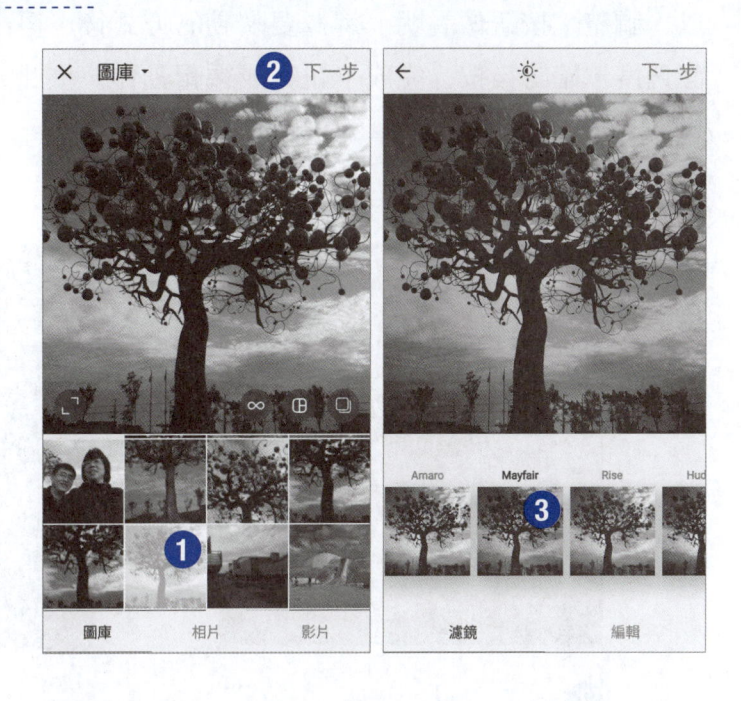

濾鏡的加入與相片的編修是 Instagram 的強項，這裡我們以實際的操作步驟做說明，讓各位熟悉濾鏡的套用與相片的編修技巧，使相片呈現最美的畫面效果。請在螢幕下方按下 ➕ 鈕使進入如左上圖的「圖庫」，先選取要編修的相片，按「下一步」鈕會在下方出現各種的濾鏡縮圖，請直接點選想要套用的縮圖效果。

點選後會進入該濾鏡的設定視窗，各位可以用指尖調動圓形滑鈕的位置並看到濾鏡的變化，確定濾鏡效果後按下「完成」鈕離開。另外，螢幕上方還會看到 ☀ 鈕，此鈕可同時針對畫面的明暗與對比進行調整，顯示的畫面如右下圖所示，一樣是透過滑鈕來進行調整。

接著切換到「編輯」標籤，視窗下方列了一整列的編輯項目可以選用。這裡以「調整」按鈕做說明，選擇要調動的方式後，再由下方以指尖拖曳，使改變畫面角度，確認後按「完成」鈕完成編輯動作。依此方式完成想編輯的項目，就可以按「下一步」進入分享的畫面。

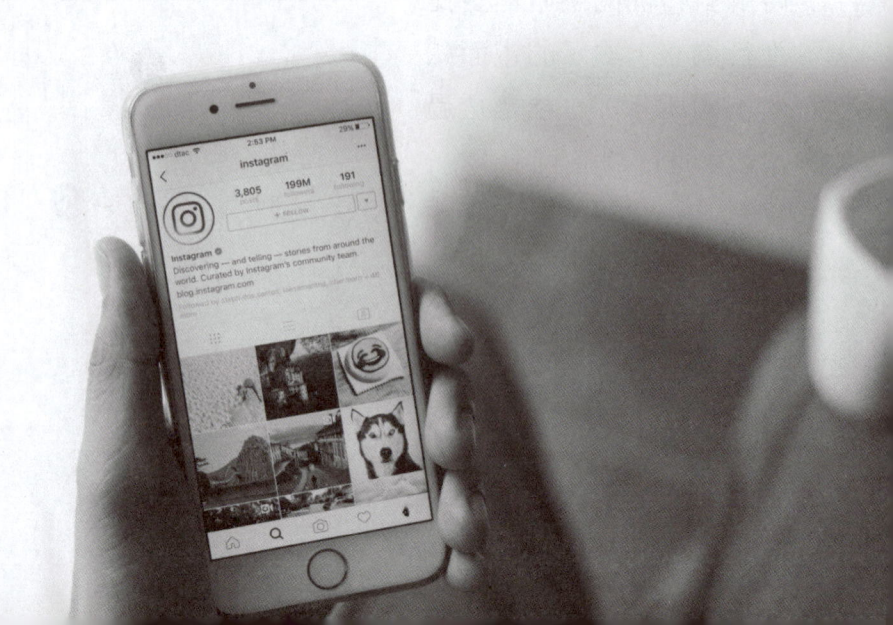

6-3 用 Instagram 拍照做效果

Instagram 讓商家可以透過影像向全球用戶傳遞訊息，拍攝出好的圖片及建立圖片特殊風格可以為店家累積追蹤者及粉絲。強調使用者可將智慧型手機所拍攝下來的相片／影片，利用濾鏡或效果處理變成美美的藝術相片，然後加入心情文字、塗鴉或貼圖，讓生活紀錄與品牌行銷的相片更有趣生動，所以 Instagram 的相機功能不可不知。

6-3-1 使用「相機」功能

Instagram 所提供的「相機」功能，不但可以拍相片、做直播、製作有聲的超級變焦、倒轉，也可以執行一按即錄的功能，讓使用者在錄影時不用一直按著錄影的按鈕。Instagram 的「直播」功能和 Facebook 的直播功能略有不同，它可以在下方留言或加愛心圖示，也會顯示有多少人看過，但是 Instagram 的直播內容並不會變成影片，而且會完全的消失。

請在「首頁」左上方按下「相機」鈕，進入拍照狀態時由下方透過手指左右滑動，即可進行拍照模式的切換。

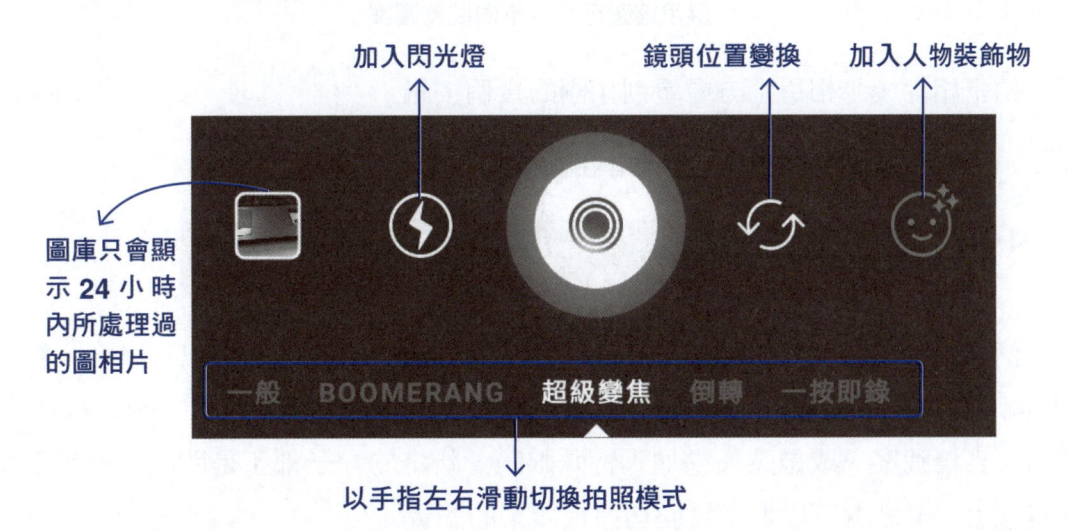

- 加入閃光燈
- 鏡頭位置變換
- 加入人物裝飾物
- 圖庫只會顯示 24 小時內所處理過的圖相片
- 一般　BOOMERANG　超級變焦　倒轉　一按即錄
- 以手指左右滑動切換拍照模式

在模式切換的上方還有一排按鈕，按下 鈕會開啟相機的閃光燈功能，方便在灰暗的地方進行拍照。鈕用來做前景拍攝或自拍的切換，而 鈕則是讓使用者自拍時，可以加入各種不同的裝飾圖案。

當按下 ◎ 鈕時，下方會有各種的效果圖案供各位選擇，選取後畫面也會提供一些指示，只要跟著指示進行操作即可，如左下圖所示，點點頭是做出睡覺的樣子，而點選右下圖的眼鏡可變換鏡框的造型與反射的景致。選定後按下白色圓形按鈕即可進行拍照。

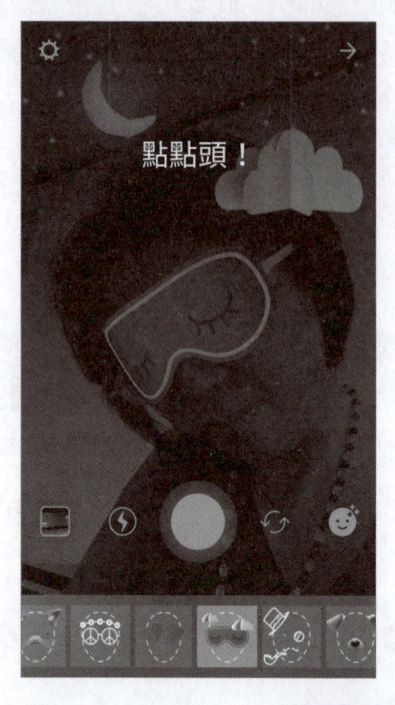

選用縮圖可套用不同裝飾圖案

拍下相片後，相片上方會看到如圖的幾個按鈕：

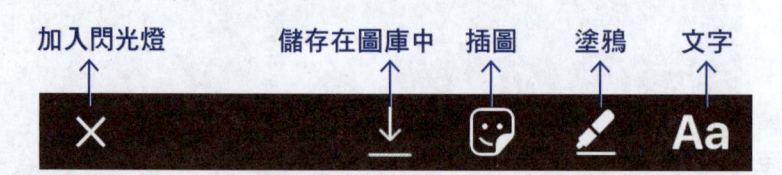

加入閃光燈　儲存在圖庫中　插圖　塗鴉　文字

例如拍攝產品圖片可以透過把產品的使用情況與現實的生活場景融合，點選「插圖」🙂 鈕會在相片上顯示如右頁上方的設定窗，想要加入地點、時間、溫度、插圖、表情圖案、或是為人物加入特殊眼鏡、新奇的帽子都不是問題，利用手指左右或上下滑動就可以進行頁面切換或圖案的瀏覽。

插圖插入至相片後，以大拇指和食指往內外滑動則可調動插圖的比例大小。如果不滿意所插入的插圖，拖曳圖案時會看到下方有個垃圾桶，直接將圖案拖曳到垃圾桶中即可刪除。

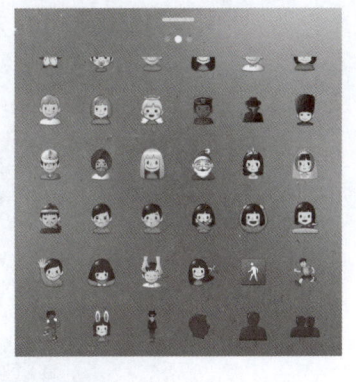

以手指左右滑動可切換頁面，或上下滑動可瀏覽貼圖

　　按下「文字」 Aa 鈕可以加入電腦打入的文字，按下「塗鴉」 鈕則可隨意塗鴉。視窗上方有各種筆觸效果，不管是尖筆、扁平筆、粉筆、暈染筆觸都可以選用，畫錯的地方還有橡皮擦的功能可以擦除。

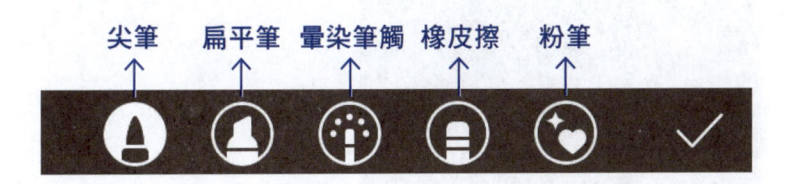

尖筆　扁平筆　暈染筆觸　橡皮擦　粉筆

　　視窗下方有各種色彩可供挑選，萬一提供的顏色不喜歡，也可以長按於圓形色塊，就會顯示色彩光譜讓各位自行挑選顏色。文字大小或筆畫粗細是在左側做控制，以指尖上下滑動即可調整。

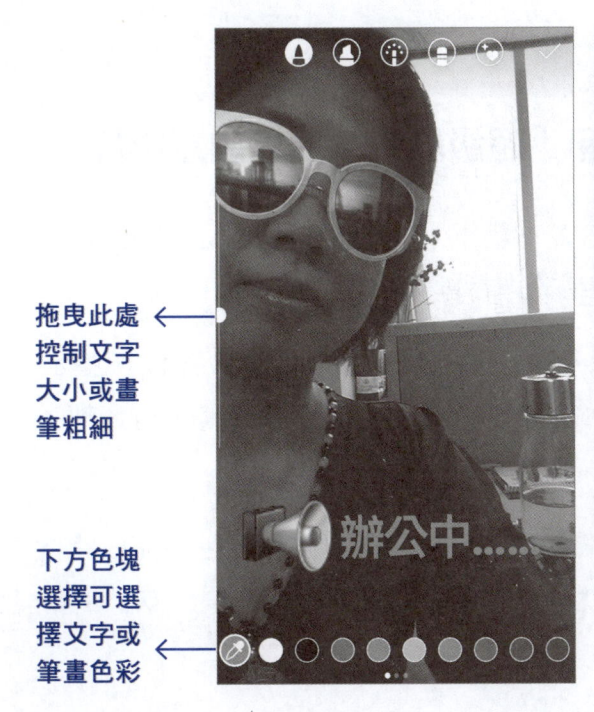

拖曳此處控制文字大小或畫筆粗細

下方色塊選擇可選擇文字或筆畫色彩

長按色塊會變成光譜，可自行調配顏色

另外，使用者還可以左右滑動來加入濾鏡效果，如下圖所示。當你完成相片的處理後，按下「摯友」鈕或「傳送對象」鈕即可進行傳送。

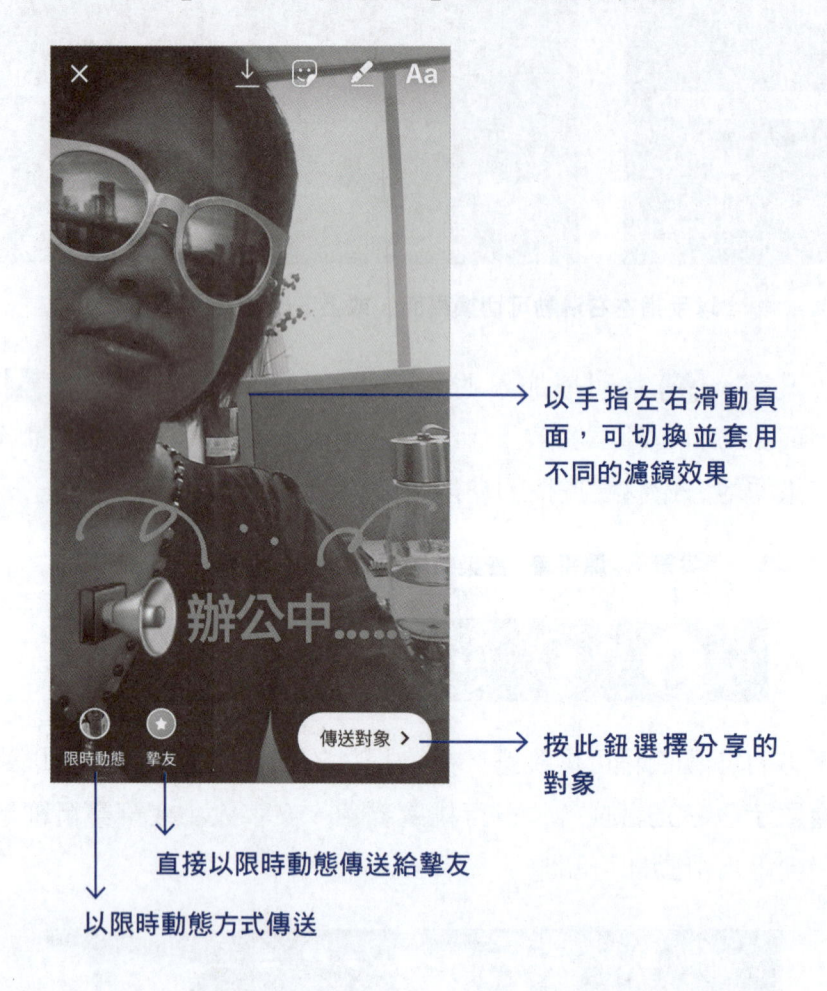

→ 以手指左右滑動頁面，可切換並套用不同的濾鏡效果

→ 按此鈕選擇分享的對象

直接以限時動態傳送給摯友

以限時動態方式傳送

6-3-2 以「BOOMERANG」和「超級變焦」拍攝創意影片

以「相機」 功能進行拍照時，除了一般正常的拍照外，也可以嘗試使用「BOOMERANG」和「超級變焦」兩種模式進行創意小影片的拍攝。

這兩種方式都是限定在短暫 2～4 秒左右的拍攝長度，當各位切換到「BOOMERANG」模式，按下拍照鈕就會看到按鈕外圍有道彩色線條進行運轉，運轉一圈計時完畢，小影片就拍攝完畢。

如右頁上圖所示，我們在計時的時間內做英文試題翻頁動作，拍攝完成時再加入求救的文字和插圖，透過這樣方式就可以讓拍攝的內容變有趣。

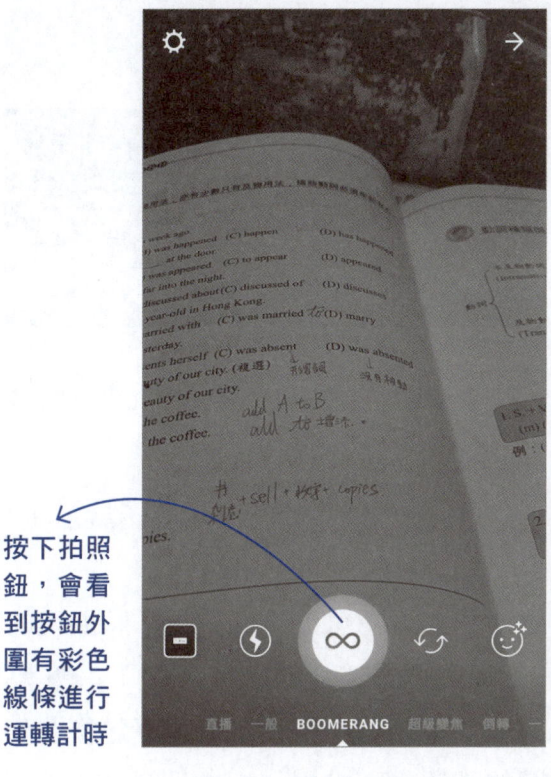

按下拍照鈕，會看到按鈕外圍有彩色線條進行運轉計時

背景顯示反覆翻頁的效果

同樣地，如果選擇「超級變焦」模式，則是在畫面中顯示一個對焦的方框，當按下拍照鈕進行拍照時，畫面就會自動移動並放大至方框的範圍。

方框用以設定焦點位置

鏡頭自動放大

按下拍照鈕，就會自動進行鏡頭的放大

6-3-3 拍攝倒轉影片

除了使用「BOOMERANG」和「超級變焦」兩種模式進行創意小影片的拍攝外，選用「倒轉」功能將可拍攝約 20 秒左右的影片，它會自動將拍攝的影片內容從最後面往前播放到最前面。當按下該按鈕時，按鈕外圍一樣會有彩色線條進行運轉計時，運轉一圈就會自動關閉拍攝功能。

6-3-4 拍攝多重影像重疊畫面

利用 Instagram 的相機功能也可以拍出多重影像重疊的畫面效果，將展現的產品融合於某些特殊情境中。它的使用方式很簡單，首先就是在「首頁」 點選「相機」 功能，這時可以選擇拍攝眼前的景物或自拍，按下拍照鈕後在相片上方按下「插圖」 鈕，出現如左下圖的選項後請點選「相機」圖示，接著顯示前鏡頭再進行自拍。

請留意！前鏡頭有提供三種不同模式，包含圓形白框效果、柔邊效果及白色方框效果，以手指按點前鏡頭就會自動做切換，如右下圖所示。拍攝前景畫面後可進行大小或位置的調整，拍攝不滿意則可拖曳至垃圾桶進行刪除，相當方便。

拍照後，再點選此「相機」圖示進行畫面重疊

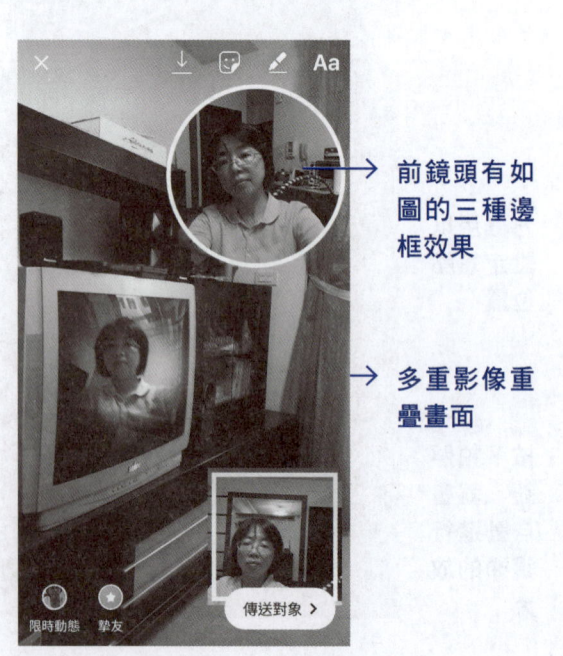

前鏡頭有如圖的三種邊框效果

多重影像重疊畫面

6-4 其他功能介紹

拍照、相片編修與分享是 Instagram 強項，除此之外，這裡再介紹一些功能讓各位知道。

6-4-1 限時訊息悄悄傳

Instagram 除了限時動態功能廣受大家青睞外，還有一項「Direct」限時訊息悄悄傳的功能也受到大家的注目，此功能可以看到朋友所傳送的訊息文字、照片或影片，文字訊息傳送後，對方可以直接進行回覆並回傳訊息給傳送者，而相片可以選擇只能觀看一次或允許重播。

想要使用「Direct」功能，請由「首頁」 的右上角按下 鈕，進入「Direct」頁面後找到想要傳送的對象，按下後方的相機 就能啟動拍照的功能，或是切換到「文字」進行訊息的輸入。

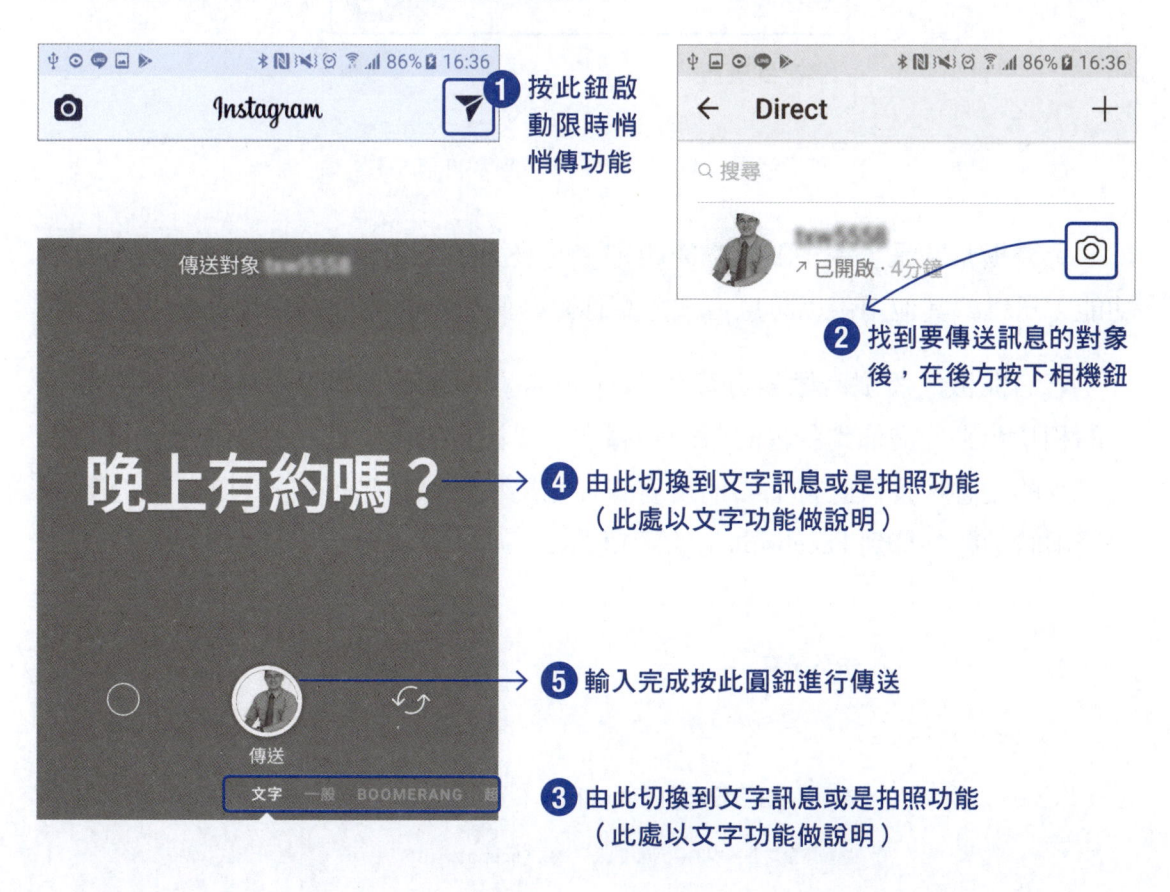

① 按此鈕啟動限時悄悄傳功能

② 找到要傳送訊息的對象後，在後方按下相機鈕

④ 由此切換到文字訊息或是拍照功能（此處以文字功能做說明）

⑤ 輸入完成按此圓鈕進行傳送

③ 由此切換到文字訊息或是拍照功能（此處以文字功能做說明）

6-4-2 典藏限時動態

Instagram 的「限時動態」功能，因為可以在發文的同時，直接在相片上做塗鴉或寫字，但是貼文卻是在限定的 24 小時內就會自動刪除。因此緣故，Instagram 又推出了限時動態典藏的功能，讓用戶可以從典藏中查看限時動態消失的內容。

要將限時動態典藏起來，請在個人頁面右上角按下「選項」鈕，在「選項」頁面中點選「限時動態設定」，接著在如下畫面中確認「儲存典藏」的功能有被開啟，這樣就可以搞定。

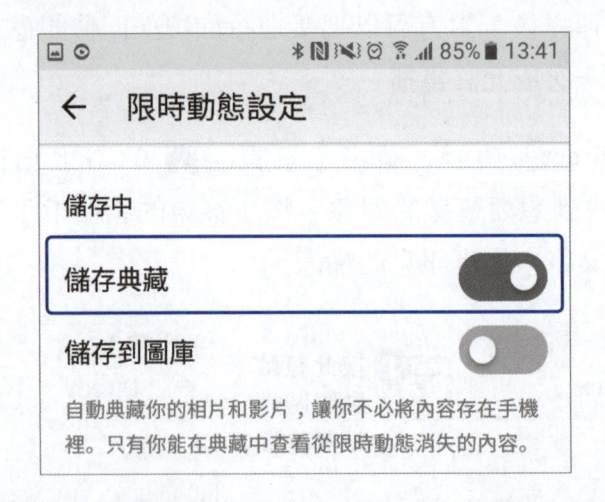

另外提及的是，在「限時動態設定」的頁面中，如果有開啟「允許分享」的功能，可以讓其他用戶以訊息方式分享你限時動態中的相片或影片。

若有開啟「將限時動態分享到 Facebook」的選項，那麼會自動將限時動態中的相片和影片發佈到臉書的限時動態中。要注意的是，連結到臉書後，你按別人相片的愛心也會被臉書上的朋友看到，如果不是以商品行銷為目的，那麼建議「將限時動態分享到 Facebook」的選項關掉。

確認「儲存典藏」的功能被開啟後，下回你想查看自己典藏的限時動態，可在個人頁面右上方按下 ⟲ 鈕，就可以進入到限時動態典藏的頁面。

6-4-3 典藏貼文

Instagram 的「典藏功能」除了典藏限時動態外，也可以典藏貼文。此功能也能夠將一些不想顯示在個人檔案上的貼文保存下來不讓他人看到。要典藏貼文，請在相片右上角按下「選項」 ⋮ 鈕，當出現如右圖的視窗時點選「典藏」指令就可以辦到。

將貼文典藏之後，若要查看典藏的貼文，請按下 ⟲ 鈕進入典藏頁面，下拉就可以進行「限時動態」或「貼文」的切換：

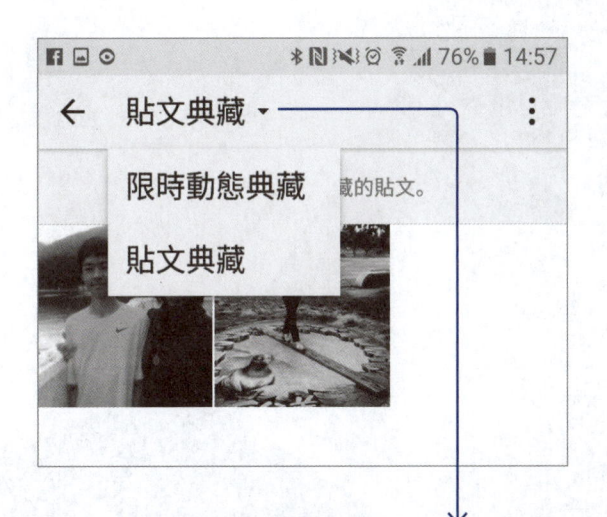

→ 顯示已典藏的限時動態內容

限時動態自動刪除後，只有你才可以查看已加入典藏的限時動態

由此下拉切換「限時動態典藏」或「貼文典藏」

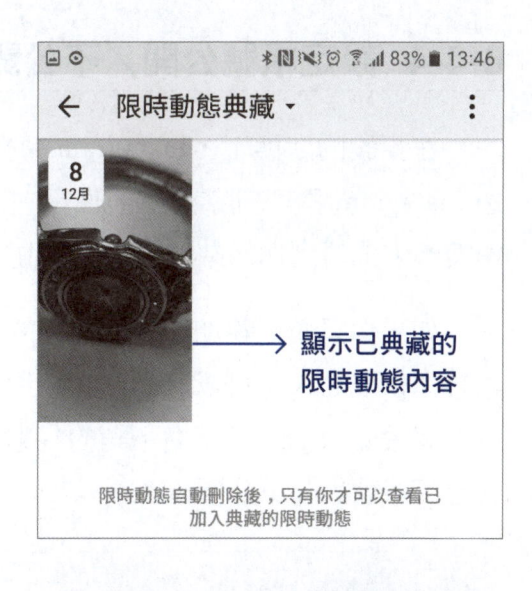

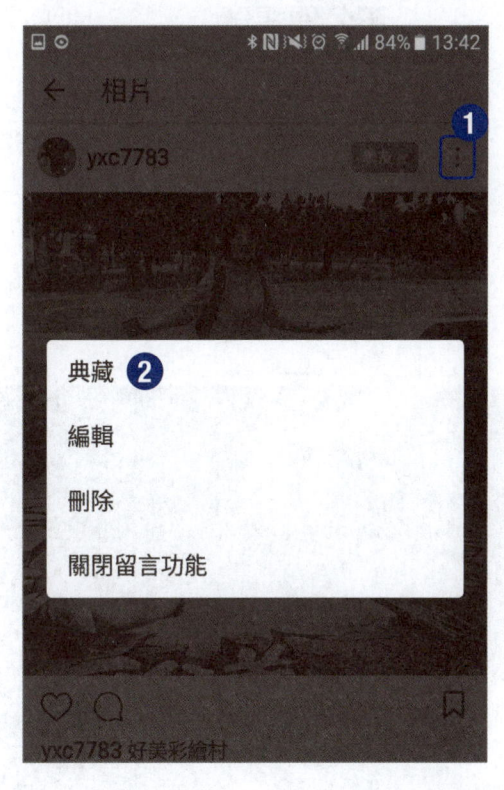

6-4-4 設定帳號公開／不公開

在預設的狀態下，Instagram 會自動將你的帳號設為公開，所以商家可以透過 Instagram 推廣自家商品，像是在貼文中加入「標籤 #」設定，能讓更多人透過搜尋方式看到你的貼文，也有更高的機會透過 Instagram 和潛在消費者互動。

如果你只希望親朋好友看到你的貼文，那麼也可以將帳號設為不公開，如此只有你核准的人才可以看到你的相片和影片，但是你的粉絲並不會受影響。請切換到個人頁面 👤，按下右上角的「選項」⋮鈕，若按下下圖的灰色按鈕使之變色，就會將帳號設為不公開。

不公開帳號 ⬜ → 目前是設定為公開狀態

你的帳號設定為不公開帳號時，只有你核准的人看得到你的相片和影片。你的現有粉絲並不會受到影響。

6-5 Instagram 行銷要訣

　　Instagram 是年輕族群最火紅的社群網站，不但廣受年輕族群喜愛，特別是在相關新聞中更能看見 IG 的驚人潛力，至於 Instagram 行銷並不難，只要善用這些技巧並掌握用戶特性，你也能在上面建立知名度。各位如果想要利用此社群網站來行銷自家商品，以獲得更多的客源與支持度，那麼這裡提供一些方法與要訣供大家參考，期望各位都能夠經營有所得，商品強強滾。

6-5-1　Instagram 美化商品功能

　　年輕人喜歡美而新鮮的事物，拍攝的相片首先就要透過 Instagram 的「濾鏡」功能或「編輯」功能來提高相片的品質，因為拍攝的相片不夠漂亮，很難吸引用戶們的目光，粉絲對於重複出現的圖片會感到厭倦從而忽視你的貼文，不然就要在相片中加入一些強調文字或關鍵字，讓觀看者可以快速抓到貼文者要表達的重點，既符合年輕人的新鮮感，也跟得上時尚潮流。如下所示，使用塗鴉方式或手寫字體來表達商品的特點，是不是覺得更有親切感！想要再多看一眼，並不知不覺中就將商品特色給看完了！

▲ 圖片加入文字說明，讓觀看者快速抓住重點

想要吸引用戶的目光，圖片就要夠吸睛，特別是在 Instagram 這樣一個以圖像為主的專業社群媒體。除了真實呈現商品的特點外，在拍攝相片時也可以考慮使用情境的圖片，運用自己的巧思在圖片上展現創意，也就是把商品使用的情況與現實生活融合在一起，利用故事性的圖片吸引粉絲繼續瀏覽你的貼文，增加用戶對商品的印象。就如同衣服穿在模特兒身上的效果會比衣服平放或掛在衣架上的效果來得吸引人，手飾實際戴在手上的效果比單拍飾品來的更確切。

事實上，圖片若能融合品牌元素，行銷效果會更好，店家更可同時以故事角度訴說品牌故事，你也可以像下方的兩個商家一樣，同時顯現兩種效果，讓觀看者一目了然。商品展示愈多樣化，細節愈清楚，消費者得到的訊息自然豐富，進行購買的信心度自然大增。

6-5-2 Instagram 相簿功能

　　Instagram 在分享貼文時，允許用戶一次發佈十張相片或十個短片，這麼好的功能商家千萬別錯過，利用這項功能可以把商品的各種風貌與特點展示出來。如下所示的衣服販售，同一款衣服展示各種不同的色彩、衣服的細節、衣服的質感……等，以多張相片表達商品比單張相片來的更有說服力。

　　在這個講究視覺體驗的年代，影片行銷是近十年來才開始成為網路消費者主流行銷的重要方式，比起文字與圖片，透過影片的傳播，更能完整傳遞商品資訊。在影片部分，可以利用故事情境來做商品介紹，也可以進行教學課程，像是販賣圍巾可以教授圍巾的打法，販賣衣服可介紹商品的穿搭方式，以此吸引更多人來觀看或分享，不但利他也利己，贏得雙贏的局面。

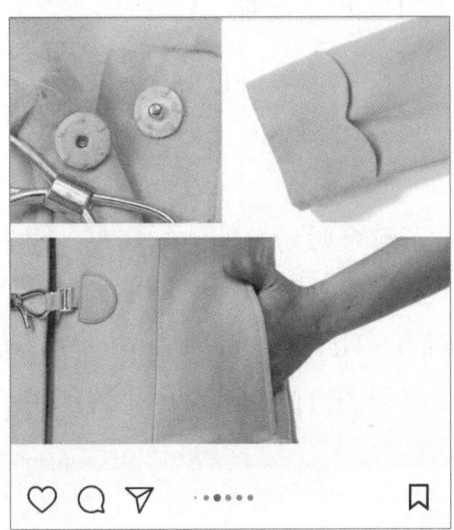

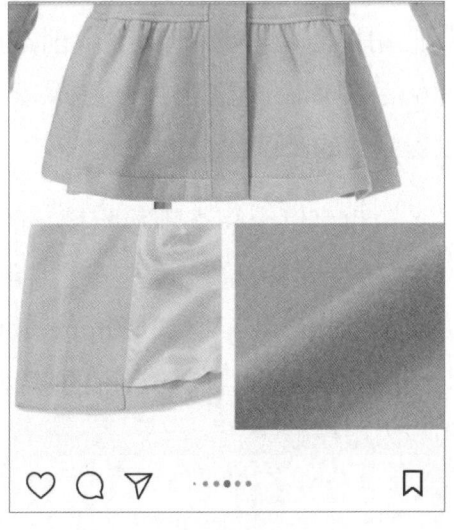

6-5-3 善用主題標籤「#」增加被搜尋的機會

在前面跟各位提過使用主題標籤「#」進行搜尋，貼文後面加入更多相關的標籤，讓所有用戶可以有機會搜尋到你的貼文。在你的貼文中，你可以標上與貼文相關的標籤，這樣可加強你的品牌與用戶互動關係，而貼文內設定的標籤愈多，有可能得到更多的紅色心型 ♥，也有更多機會與其他用戶產生互動。雖然 Instagram 最多可以使用到 30 個主題標籤，但是也不要隨便濫用，否則會導致其他用戶的反感。

Instagram 除了擁有質感極佳的影像，並維持品牌一貫風格外，加入的標籤要和自家行銷的商品有關，才能大幅增加廣告曝出度，讓消費者可以更輕易地搜尋到好產品的資訊。一篇 Instagram 貼文的讚數與主題標籤的數量成正比，使用愈多主題標籤，貼文就有更大的機會被其他用戶看見，也可以自行創造獨特的品牌標籤，讓用戶一點擊就可以看到你的品牌訊息。

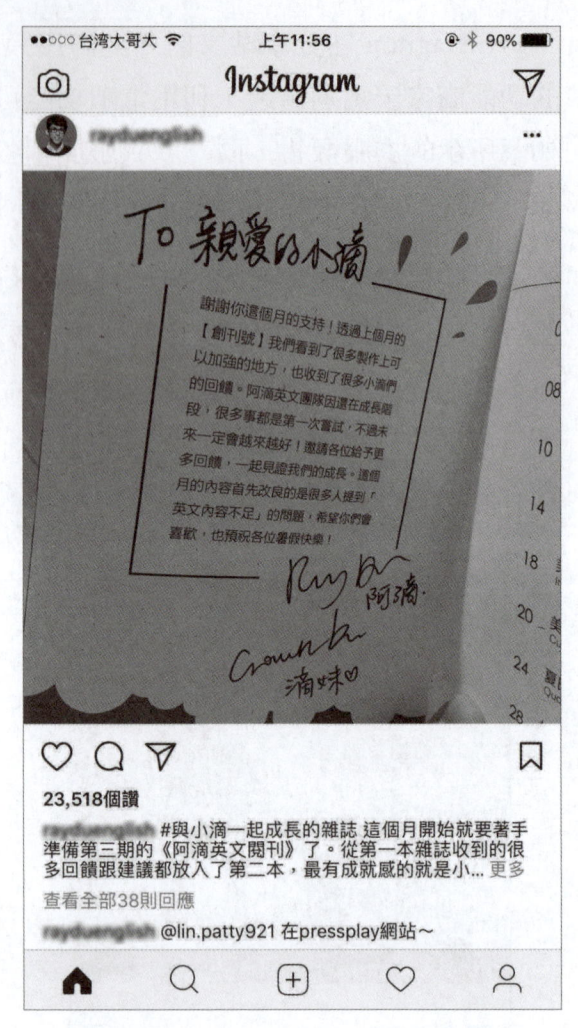

◐ Instagram、Facebook 都有提供 Hashtag 功能

各位也可以上網查詢熱門標籤的排行榜，了解多數粉絲關注的焦點，再依照自家商品特點加入適合的標籤或主題關鍵字，這樣就有更多的機會被其他人關注到。目前 Android 手機或 iPhone 手機都有類似的 Hashtag 管理 App，各位不妨自行搜尋並試用看看，把常用的標籤用語直接複製到自己的貼文中，就不用手動輸入一大串標籤。

還有一些標籤用法代表著特別的含意，像是「#selfie」表示「自拍」、「#tflers」表示「幫我按讚」（Tag For Likers）、「#photooftheday」則是「用手機記錄生活」……等，搞懂這些標籤的含意就可以更深入 Instagram 社群。

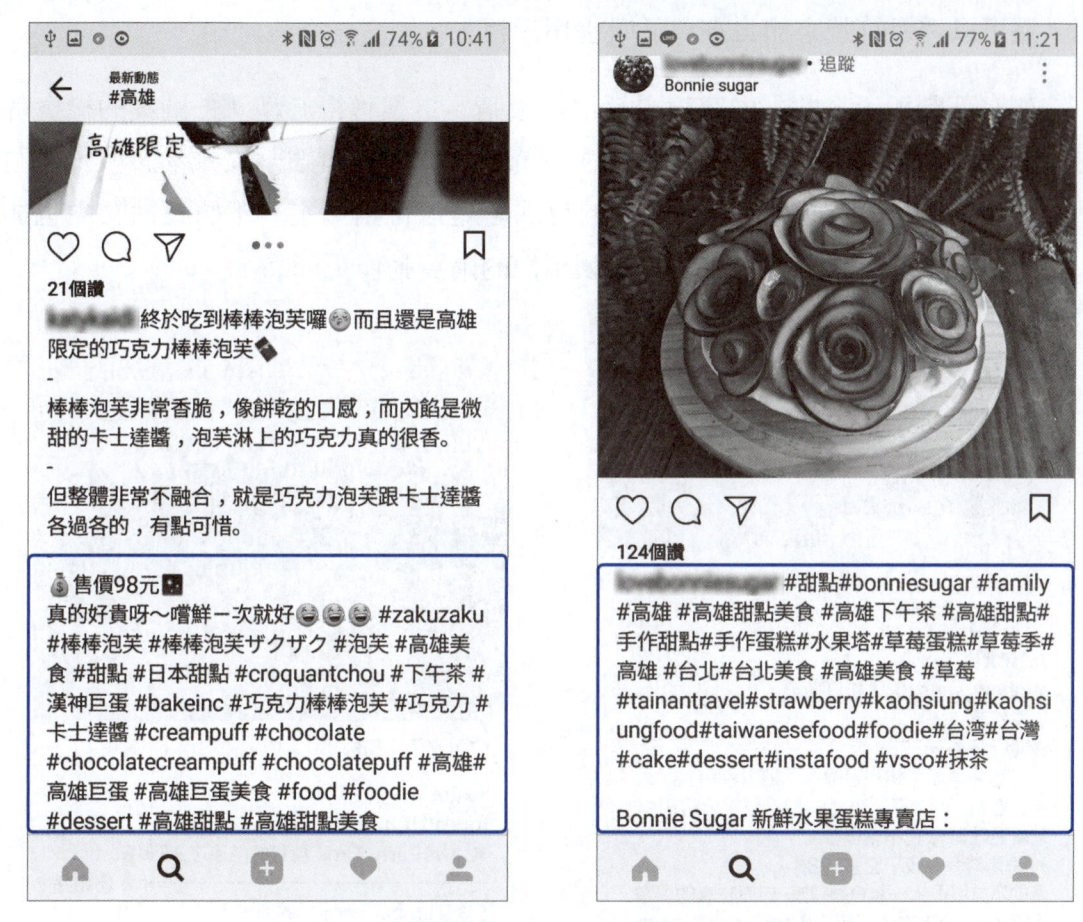

🔽 加入相關的多個標籤，可增加曝光的機會

195

6-5-4 善用表情符號讓貼文吸睛

根據調查顯示，很多用戶每天都會使用表情符號，而且有一半以上的回文也都至少用到一個以上的表情符號。所以有效利用符號不但可以輕鬆表達當下的心情，還可以透過符號來加強宣導並吸引用戶目光。

如左下圖所示，貼文內容變得活潑而吸睛，這樣獲得心型 ♥ 圖案的機會就更高。另外，貼文內容適時地分段切割或條列式顯示，可讓貼文較易讀取，如右下圖所示。此外，在 Instagram 貼文的目的若是以行銷為主，不妨在貼文中也加入官方連結、購買訊息或聯絡資訊，讓用戶的購買動作更簡易。

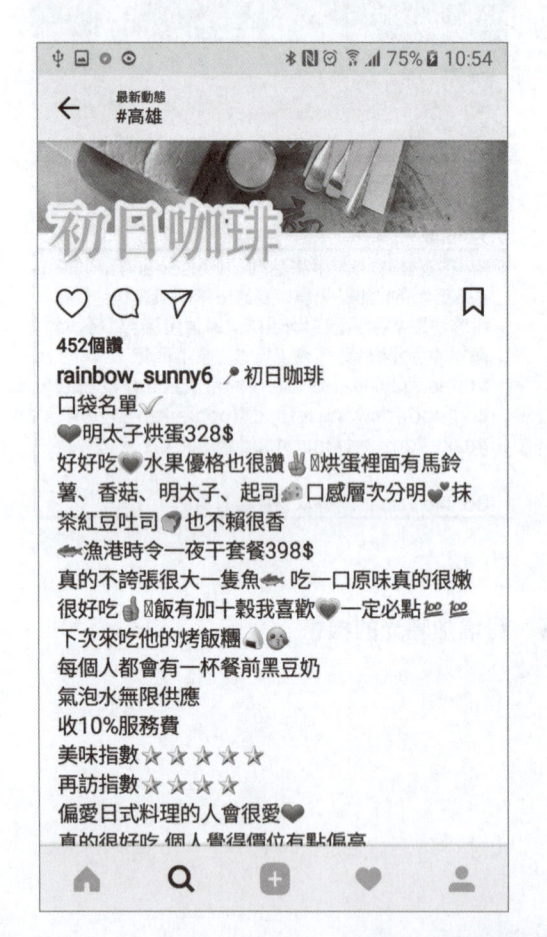

↑ 加入聯絡資訊讓用戶聯繫更方便

6-5-5 建立完善的個人檔案

如果你使用 Instagram 的目的主要在行銷自家商品,那麼建議帳號名稱取一個與商品相關的好名字,並添加「商店」或「Shop」的關鍵字,以方便用戶的搜尋。

此外,點選「選項」鈕進入「選項」畫面,接著點選「編輯個人檔案」使進入如右畫面,其中的「網站」欄位可輸入網址資料,如果你有網路商店此欄務必填寫,因為它可以幫你把追蹤者帶到店裡進行購物。下方還有「個人簡介」,也儘量將主要銷售的商品加入。

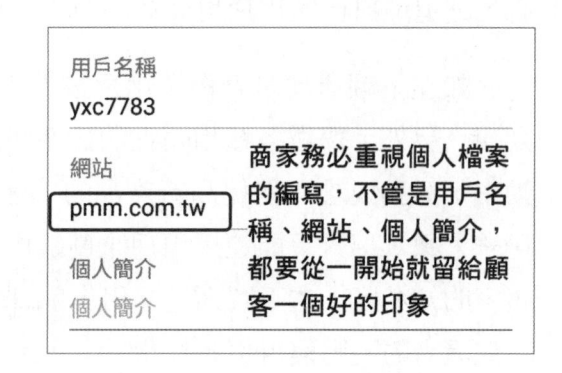

> 用戶名稱
> yxc7783
> 網站
> pmm.com.tw
> 個人簡介
> 個人簡介

商家務必重視個人檔案的編寫,不管是用戶名稱、網站、個人簡介,都要從一開始就留給顧客一個好的印象

6-5-6 連結其他社群網站帳號

如果各位希望在 Instagram 發佈的貼文也能同步發佈到 Facebook、Twitter、Tumblr、Amerba、OK.ru 等社群網站,那麼可在個人頁面的「選項」鈕中點選「已連結的帳號」,就會看到左下圖的頁面,同時顯示你已設定連結的網站。

以 Twitter 為例,只要你有該社群網站的帳戶和密碼,點選後只要輸入帳號密碼,就能進行授權與連結的動作,這樣在做行銷推廣時,不但省時省力,也能讓更多人看到你的貼文內容。萬一不想再做連結,只要點選社群網站名稱,即可選取「取消連結」的動作。

顯示可做連結的社群網站,以及已設定連結的網站

授權設定只要輸入該社群的帳號與密碼

197

6-5-7 交叉推廣，將商品延伸至其他用戶

Instagram 是社群網站，在此平臺上可以分享自己喜愛的東西，同時也可以透過標籤接收他人的訊息。所以進行自家商品行銷時，不妨與其他相關性產品進行相互的標籤，店家愈清晰展現出產品細節，愈能夠增加消費者對網上購物的信心，把追蹤自己的用戶也介紹給對方，增加雙方的知名度。

如左下圖所便是一例，用戶按下「@Nutiva」就能連結到另一個食品及飲料公司。另外，舉辦各種相關性的比賽與活動，讓追蹤者可以參與同時更能提升互動率，活動成功不但提高新產品的知名度，更為品牌的 Instagram 帳號增加不少粉絲人數，另外更能運用用戶來創造內容，也能快速擴展至其他用戶，增加自身店家的知名度。右下圖則是採用「#」標籤，讓用戶可以一次看夠所有相關品項，讓觀看者的視野變得更多樣化。

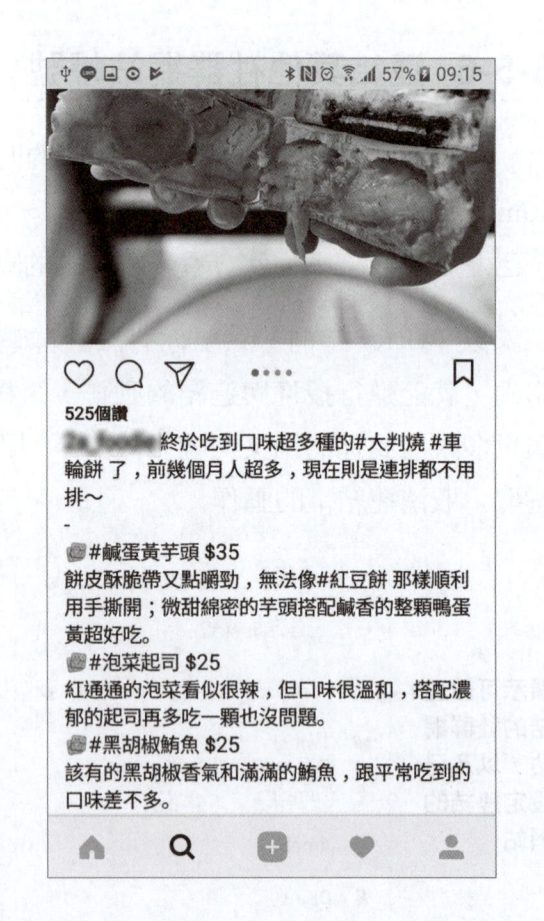

利用社群進行行銷並不難，只要善用它所提供的功能並掌控用戶的特性，就能在最低的成本下，與新顧客交流分享，同時鞏固與老顧客間的情誼，有效建立商家知名度，讓商品推得更遠更廣。例如消費者時常在社群中提問，舉凡針對產品的使用說明、價格、訂單查詢……等都是最常見的問題。

　　如果品牌沒有提供消費者一個滿意的答覆，還會影響消費者對品牌的印象。這個章節我們已經將 Instagram 的運用技巧作了詳盡的說明，希望大家都能靈活運用，輕鬆抓住年輕族群的心。

6-6 商業檔案的行銷密技

　　由於 Instagram 使用的個人與商家愈來愈多，也是現在最熱門的行動照片分享社群軟體之一，在臺灣也順勢推出企業工具，讓企業店家可以洞察消費者的習慣，同時更精準找出潛在的客戶，讓客戶可以直接傳送訊息給企業，提供雙方更方便的溝通管道，當然也包括品牌與企業的發佈內容，並成功創造商機。

　　現在愈來愈多商家與品牌開始積極使用 Instagram 作為行銷工具，任何規模的企業商家都能直接在 Instagram 建立商業檔案，而且商業帳號的開設並不需要任何費用，將個人帳戶變更為商業帳號時，還會連結到 Facebook 粉絲專頁，如果你尚未有臉書的粉絲專頁，可在 Instagram 商業帳號的轉換過程中進行建立。

　　粉絲專頁的標題最好和商家的品牌、公司或組織名稱相符，另外需要設定類別，類別包含個人部落格、產品／服務、藝術、音樂家／樂團、購物與零售等五種。若已經有粉絲專頁，但不是管理員，則必須先由粉絲頁管理員那裡取得權限。

　　如果你已經有臉書的粉絲專頁，要將個人的帳號轉換成商業帳號，請從個人頁面 👤 鈕按下右上角按下「選項」 ⋮ 鈕，接著找到「切換到商業檔案」的選項，即可進行轉換的工作。

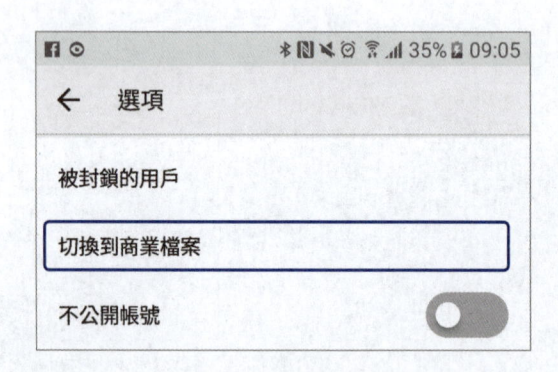

接著各位會看到幾個連續的說明頁面，包含歡迎你使用 Instagram 商業工具、說明商業檔案會新增電話號碼、電子郵件、分店地點，讓顧客可以直接透過個人檔案上的按鈕與你聯絡，以及洞察報告可了解粉絲並查看貼文成效，了解粉絲與貼文和限時動態的互動情形。最後是在 Instagram 建立推廣活動用以提升業績，看完說明文字後依續按下「繼續」鈕離開。

接下來會顯示「連結到 Facebook」的頁面，說明 Instagram 商業檔案（Business Profile）會與 Facebook 粉絲專頁連結，同時顯現使用條款的連結，請各位自行參閱。

按下「選擇粉絲專頁」的文字後會看到左下圖的頁面,請點選要連結的粉絲專頁名稱。如果你有多個粉絲專頁,也只能選取一個粉絲專頁,選取後按「下一步」鈕會看到右下圖的頁面。

緊接著就是編輯你想在 Instagram 上所顯示的資訊,顧客就可以看見您的營業地址或聯絡方式等重要資訊,方便與您建立聯繫,也就是新增您商家的相關資訊,包括電子郵件、電話號碼及地址資料,接著要為您的帳號營造風格一致的外觀,並且記得持續發佈貼文,設定完成按下右上角的「完成」鈕離開。

當各位完成如上動作,臉書的粉絲專頁就順利與 Instagram 商業檔案連結,你也會看到右頁上左圖的頁面。按下「前往商業檔案」的連結後,就會看到 Instagram 轉換成商業帳號的畫面,如右頁上右圖所示,底下會多了「撥號」、「電子郵件」、「路線」三個按鈕,讓其他用戶可以直接打電話聯絡到你,也可以透過電子信箱傳送郵件,或是透過 Google 指引路線到你的商店位置,讓用戶可以順利的聯絡你。而商家想要發送貼文或相片,也只要按下「推廣」鈕就可以快速進行宣傳,相當方便。

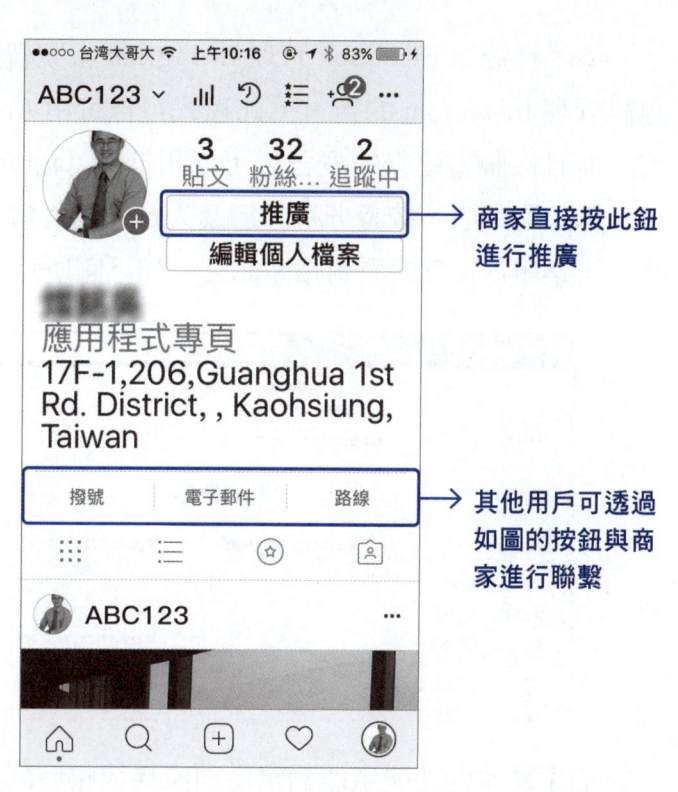

Instagram 帳號連結到粉絲專頁後，商家就可以開始在兩個平臺上刊登廣告，直接創造宣傳效果來助長你的商業品牌，也可以直接在粉絲專頁的設定中修改商家資訊。要在 Facebook 的粉絲專頁編修與管理 Instagram 的相關資訊，可在粉絲頁的右上方先按下「設定」鈕，接著再由左下方按下「Instagram」類別，就可以看到 Instagram 帳號的詳細資訊。如下圖所示：

203

除了直接從 Facebook 管理 Instagram 帳號資訊外，利用專頁小助手應用程式也能管理 Instagram 的留言，此程式可自行由 App Store 或 Play 商店下載下來使用，而且從臉書建立的廣告也可以用於 Instagram。若要查看粉絲專頁推廣的情形，像是追蹤者、按讚分析、觸及人數、瀏覽情形、集客力動作……等，可切換到「洞察報告」就能看到相關訊息。如下圖所示：

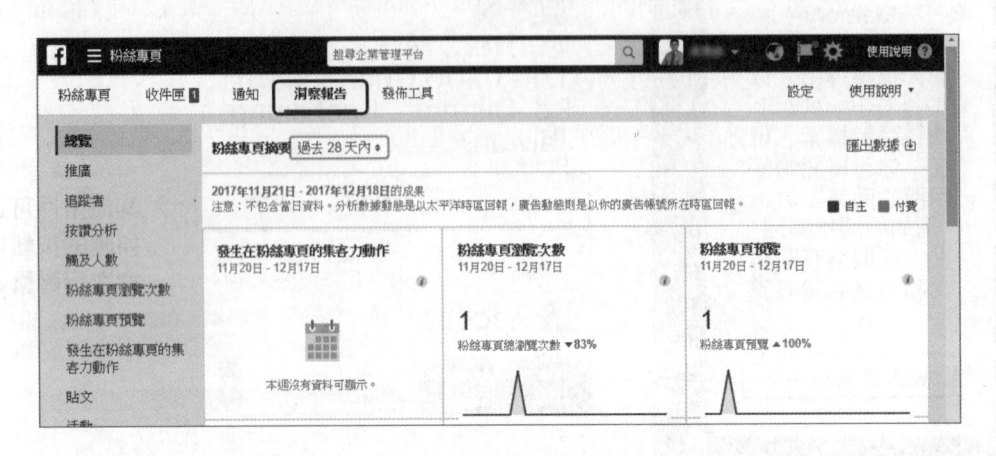

商業檔案的功能還能夠幫助商家探索帳號的內部數據，隨時掌握追蹤者的動向，至於在手機 Instagram 上想要觀看洞察報告的相關資訊，可在個人頁面上按下「洞察報告」 鈕，從報告中可以檢視商業帳號被瀏覽的次數、觸及的次數及與其他用戶互動……等資訊，但必須是在你已轉換成商業帳號後才能看到之後所產生的相關資訊。

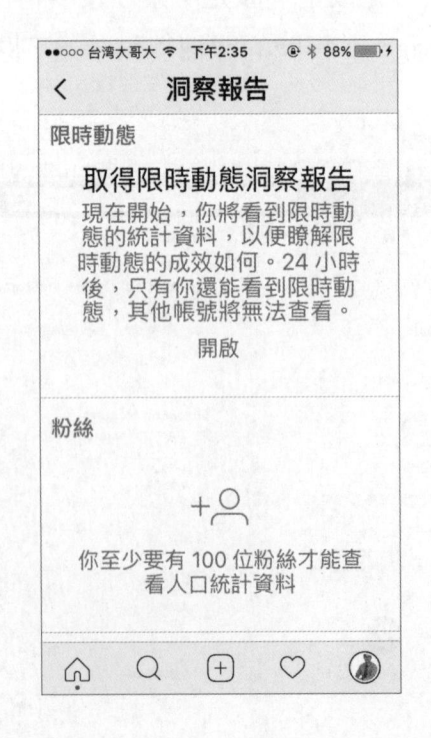

將 Instagram 帳戶轉為商業帳戶後，在宣傳行銷方面，做了很嚴密的管理及規劃，雖然可以增加貼文的曝光機會，但是它也會限定你在 Instagram 上的一些行動，使用上也比起臉書更重視並保有隱私的空間。

例如一旦將 Facebook 的粉絲專頁連結到商業帳號後，只能透過該專頁才能將 Instagram 貼文分享至臉書上，而無法分享到其他的粉絲專頁或個人臉書，除非你轉回到個人的帳號。但是轉換回個人帳號後還必須重新設定商業檔案，再選擇想使用的新臉書粉絲專頁。所以各位可以依照個人的情況選擇是否將個人帳號轉為商業帳號。

針對企業管理平臺設定方面，「選項」鈕中會看到如下三項，包括「付款設定」、「品牌置入內容許可」及「切換回個人帳號」等，這些新功能將幫助行銷人員持續擴增品牌 Instagram 影響力。「付款設定」主要是針對臉書上的廣告來指定付款方式；「品牌置入內容許可」是如果有企業合作伙伴標籤則必須通過對方的核准；而「切換回個人帳號」則是從商業帳號轉回個人帳號，一旦轉回個人帳號，所進行的推廣活動將被停止，且無法存取洞察報到，但是隨時還可再次切回商業帳號。

重點整理

1. Instagram 是一款免費提供線上圖片及視訊分享的社交應用軟體，是所有社群中和追蹤者互動率最高的平臺，Instagram 操作相當簡單，而且具備即時性、高隱私性與互動交流相當方便，時下許多年輕人會發佈圖片搭配簡單的文字來抒發心情。

2. Instagram 比較適合擁有實體環境展示空間的產品，大量的產品和配件可以在同一個畫面中顯示的品牌，尤其是經營與時尚、旅遊、餐飲等產業相關的品牌。

3. 只要在字句前加上 #，便形成一個標籤，用以搜尋主題。標籤是全世界 Instagram 用戶的共通語言，使用者可以在貼文裡加上別人會聯想到自己的主題標籤，透過標籤功能，所有用戶都可以搜尋到你的貼文。

4. Instagram 除了擁有質感極佳的影像，並維持品牌一貫風格外，加入的標籤要和自家行銷的商品有關外，才能大幅增加廣告曝出度，讓消費者可以更輕易地搜尋到好產品的資訊。

5. 如果想為相片中的人物進行標註，可在右下圖中按下「標註人名」，在欲標籤的人物上按一下，會看到「這是誰？」的黑色標籤，可在上方的「搜尋用戶」中輸入人名，下方會列出相關的搜尋結果，點選後黑色標籤就會自動填入該帳戶的名稱。

6. Instagram 所提供的「相機」功能，不但可以拍相片、做直播、製作有聲的超級變焦、倒轉、也可以執行一按即錄的功能，讓使用者在錄影時不用一直按著錄影的按鈕。

7. 利用 Instagram 的相機功能也可以拍出多重影像重疊的畫面效果，將產品融合於某些特殊情境中。

8. Instagram 除了限時動態功能廣受大家青睞外，還有一項「Direct」限時訊息悄悄傳的功能也受到大家的注目。

9. Instagram 的「限時動態」功能，因為可以在發文的同時，直接在相片上做塗鴉或寫字，但是貼文卻是在限定的 24 小時內就會自動刪除。

10. 在 Instagram 貼文的目的若是以行銷為主，不妨在貼文中也加入官方連結、購買訊息或聯絡資訊，讓用戶的購買動作更容易。

11. 若有開啟「將限時動態分享到「Facebook」的選項，會自動將限時動態中的相片和影片發佈到臉書的限時動態中。

12. 在預設的狀態下，Instagram 會自動將帳號設為公開，所以商家可以透過 Instagram 推廣自家商品，像是在貼文中加入「標籤 #」設定，能讓更多人透過搜尋方式看到你的貼文，也有更高的機會透過 Instagram 和潛在消費者互動。

13. 貼文內設定的標籤越多，有可能得到更多的紅色心型 ♥，也有更多機會與其他用戶產生互動。雖然 Instagram 最多可以使用到 30 個主題標籤，但是也不要隨便濫用，否則會導致其他用戶的反感。

14. 在這個講究視覺體驗的年代，影片行銷是近十年來才開始成為網路消費者主流行銷的重要方式，比起文字與圖片，透過影片的傳播，更能完整傳遞商品資訊。

15. 有一些標籤用法代表著特別的含意，像是「#selfie」表示「自拍」、「#tflers」表示「幫我按讚」（Tag For Likers）、「#photooftheday」則是「用手機記錄生活」……等，搞懂這些標籤的含意就可以更深入 Instagram 社群。

16. 如果使用 Instagram 的目的主要在行銷自家的商品，建議帳號名稱取一個與商品相關的好名字，並添加「商店」或「Shop」的關鍵字，以方便用戶的搜尋。

17. 舉辦各種相關性的比賽與活動，也能快速擴展至其他用戶，增加自身的知名度。讓用戶可以一次看夠所有相關品項，讓觀看者的視野變得更多樣化。

18. Instagram 帳號連結到粉絲專頁後，商家就可以開始在兩個平臺上刊登廣告，也可以直接在粉絲專頁的設定中修改商家資訊。

19. 要在 Facebook 的粉絲專頁編修與管理 Instagram 的相關資訊，可在粉絲頁的右上方先按下「設定」鈕，接著再由左下方按下「Instagram」類別，就可以看到 Instagram 帳號的詳細資訊。

20. 除了直接從 Facebook 管理 Instagram 帳號資訊外，利用專頁小助手應用程式也能管理 Instagram 的留言，此程式可自行由 App Store 或 Play 商店下載下來使用，而且從臉書建立的廣告也可以用於 Instagram。

21. 一旦將 Facebook 的粉絲專頁連結到商業帳號後，只能透過該專頁才能將 Instagram 貼文分享至臉書上，而無法分享到其他的粉絲專頁或個人臉書，除非你轉回到個人的帳號。

22. 「品牌置入內容許可」是如果有企業合作夥伴標籤則必須通過對方的核准；而「切換回個人帳號」則是從商業帳號轉回個人帳號。

Chapter 06　Q&A 習題

一、選擇題

(　　) 1. 有關 Instagram 的說明，何者不正確？
   (A) 適用 iOS 與 Android 系統
   (B) 無法在電腦登錄使用
   (C) 相片可分享到社群網站
   (D) 是一種影像社群媒體。

(　　) 2. 以下有關 Instagram 的功能，何者不正確？
   (A) 追蹤朋友
   (B) 瀏覽相片／影片
   (C) 可以 Facebook 帳號來註冊
   (D) 只能對臉書朋友進行「追蹤」，但無法「邀請」。

(　　) 3. 無論是在 Instagram 發布圖片或影片，都可以在內文中使用標籤，只要在字句前加上什麼符號，便形成一個標籤，用以搜尋主題？
   (A) @　(B) &　(C) %　(D) #。

(　　) 4. 下列哪一個選項是 Instagram 所提供的「相機」功能有哪些？
   (A) 超級變焦　(B) 一按即錄　(C) 倒轉　(D) 以上皆是。

(　　) 5. 下列哪一個選項不是 Instagram 所提供的筆觸效果？
   (A) 尖筆　(B) 扁平筆　(C) 粉筆　(D) 原子筆。

問答題

1. 請簡介 Instagram 的特性。

2. 有哪些 Instagram 登入的方式？

3. 如何將所拍攝的相片／視訊和好朋友分享與行銷？

4. 請簡單說明標籤的功用。

5. 當各位選取素材後進入「下一步」會看到哪一種功能？

6. 什麼是 Instagram 的「限時動態」功能？

7. 「倒轉」功能的作用為何？

8. 請簡介 Instagram 的相機功能。

9. Instagram 行銷較適用於那些產業？

10. 針對企業管理平臺設定方面，請問「選項」鈕中有哪三項功能？

11. 請問如何在 Facebook 的粉絲專頁編修與管理 Instagram 的相關資訊？

附錄　習題簡答

CH01　認識電子商務
選擇題
1.（C）2.（A）3.（D）4.（D）5.（D）6.（C）

CH02　網路行銷導論
選擇題
1.（D）2.（A）3.（C）4.（A）5.（B）

CH03　行動行銷
選擇題
1.（D）2.（A）3.（C）4.（A）5.（B）

CH04　常用網路行銷工具
選擇題
1.（B）2.（D）3.（B）4.（A）5.（B）

CH05　網路行銷發展與未來趨勢
選擇題
1.（B）2.（D）3.（B）4.（D）5.（A）

CH06　年輕人最夯的 Instagram 行銷
選擇題
1.（B）2.（D）3.（D）4.（D）5.（D）

書　　　名	人人必學網路行銷實務
書　　　號	PB31801
版　　　次	2018年3月初版 2024年10月二版
編 著 者	勁樺科技
責 任 編 輯	李奇蓁
校 對 次 數	8次
版 面 構 成	魏怡茹
封 面 設 計	楊蕙慈

國家圖書館出版品預行編目資料

人人必學網路行銷實務 = Network marketing & practice / 勁樺科技編著. -- 二版. -- 新北市：台科大圖書股份有限公司, 2024.10
面；公分
ISBN 978-626-391-337-0(平裝)
1.CST: 網路行銷

496　　　　　　　　　　　　　113015341

出 版 者	台科大圖書股份有限公司
門 市 地 址	24257新北市新莊區中正路649-8號8樓
電　　　話	02-2908-0313
傳　　　真	02-2908-0112
網　　　址	tkdbook.jyic.net
電 子 郵 件	service@jyic.net
版 權 宣 告	**有著作權　侵害必究** 本書受著作權法保護。未經本公司事前書面授權，不得以任何方式（包括儲存於資料庫或任何存取系統內）作全部或局部之翻印、仿製或轉載。 書內圖片、資料的來源已盡查明之責，若有疏漏致著作權遭侵犯，我們在此致歉，並請有關人士致函本公司，我們將作出適當的修訂和安排。
郵 購 帳 號	19133960
戶　　　名	台科大圖書股份有限公司 ※郵撥訂購未滿1500元者，請付郵資，本島地區100元 / 外島地區200元
客 服 專 線	0800-000-599
網 路 購 書	勁園科教旗艦店　蝦皮商城　　博客來網路書店　台科大圖書專區　　勁園商城
各服務中心	總　公　司　02-2908-5945　　台中服務中心　04-2263-5882 台北服務中心　02-2908-5945　　高雄服務中心　07-555-7947

線上讀者回函
歡迎給予鼓勵及建議
tkdbook.jyic.net/PB31801